建筑施工特种作业人员培训教材

建筑架子工

建筑施工特种作业人员培训教材编委会　组织编写

中国建筑工业出版社

图书在版编目（CIP）数据

建筑架子工 / 建筑施工特种作业人员培训教材编委
会组织编写 . —北京：中国建筑工业出版社，2020.12
(2021.4 重印)

建筑施工特种作业人员培训教材

ISBN 978-7-112-25595-5

Ⅰ . ①建… Ⅱ . ①建… Ⅲ . ①脚手架-技术培训-教
材 Ⅳ . ①TU731.2

中国版本图书馆 CIP 数据核字(2020)第 227245 号

责任编辑：赵云波
责任校对：党　蕾

建筑施工特种作业人员培训教材
建筑架子工
建筑施工特种作业人员培训教材编委会　组织编写

*

中国建筑工业出版社出版、发行（北京海淀三里河路 9 号）
各地新华书店、建筑书店经销
北京红光制版公司制版
北京圣夫亚美印刷有限公司印刷

*

开本：850 毫米×1168 毫米　1/32　印张：7　字数：186 千字
2021 年 1 月第一版　　2021 年 4 月第二次印刷
定价：**23.00** 元
ISBN 978-7-112-25595-5
(36707)

建筑施工特种作业人员
培训教材编委会

主　任：高　峰

副主任：王宇旻　陈海昌

委　员：金　强　朱利闽　刘钦燕　刘　辉　马　记

　　　　成　军　陈晓苏　姜　宁　姜　昱　徐卫星

　　　　曹立忠　温锦明

本书编审委会

主　编：姜　昱

副主编：张国平

编写人员：（本系列教材公共基础知识编写成员：

　　　　金　强　朱利闽　朱　青　刘　辉）

审　稿：端木沈峻

前　　言

　　《中华人民共和国安全生产法》规定："生产经营单位的特种作业人员必须按照国家有关规定经专门的安全作业培训，取得相应资格，方可上岗作业"。建筑施工特种作业人员是指在房屋建筑和市政工程施工活动中，从事可能对本人、他人及周围设备设施的安全造成重大危害作业的人员。作为建设行业高危工种之一，其从业直接关系建筑施工质量安全，直接关系公民生命、财产安全和公共安全。

　　为进一步紧贴建筑施工特种作业人员职业素质和适岗能力的实际需要，编写委员会组织编写了《建筑电工》《建筑架子工》《附着式升降脚手架架子工》《建筑起重信号司索工》等24个工种的系列教材。该套教材既是相关工种培训考核的指导用书，又是一线建筑施工特种作业人员的实用工具书。

　　本套教材在编写过程中，得到了江苏省相关专家和部门的大力支持，在此一并表示感谢！因编者水平有限，难免会存在疏漏和不足之处，真诚希望广大同行和读者给予批评指正。

编者

二〇一九年五月

目　　录

第一部分　公共基础知识

第二部分　专业基础知识

第一部分　公共基础知识

第一章　职业道德

第一节　道德的含义和基本内容

1. 道德的含义

道德是一种社会意识形态，是人们共同生活及其行为的准则与规范。

意识形态除了道德以外，还包括政治、法律、艺术、宗教、哲学和其他社会科学等意识形态，是对事物的理解、认知，对事物的感观思想，是观念、观点、概念、思想、价值观等要素的总和。如：对生命的认识和观点；对金钱物质的看法等。

道德往往代表着社会的正面价值取向，起到判断行为正当与否的作用。道德是以善恶为标准，通过社会舆论、内心信念和传统习惯来评价人的行为，调整人与人之间以及个人与社会之间相互关系的行为规范的总和。

2. 道德与法纪的关系

遵守道德是指按照社会道德规范行事，不做损害他人的事。遵守法纪是指遵守纪律和法律，按照规定行事，不违背纪律和法律的规定条文。法纪与道德既有区别也有联系，它们是两种重要的社会调控手段。

（1）法纪属于社会制度范畴，而道德属于社会意识形态范畴。道德侧重于自我约束，是行为主体"应当"的选择，依靠人们的内心信念、传统习惯和社会舆论发挥其作用，不具有强制力；而法纪则侧重于国家或组织的强制手段，是国家或组织制定和颁布，用以调整、约束和规范人们行为的权威性规则。

（2）遵守法纪是遵守道德的最低要求。道德一般又可分为两类：第一类是社会有序化要求的道德，是维系社会稳定所必不可少的最低限度的道德，如不得暴力伤害他人、不得用欺诈手段谋取利益、不得危害公共安全等；第二类是那些有助于提高生活质量、增进人与人之间紧密关系的原则，如博爱、无私、乐于助人、不损人利己等。第一类道德有时也会上升为法纪，通过制裁、处分或奖励的方法得以推行。而第二类道德是对人性较高要求的道德，一般不宜转化为法纪，需要通过教育、宣传和引导等手段来推行。法纪是道德的演化产物，其内容是道德范畴中最基本的要求，因此遵纪守法是遵守道德的最低要求。

（3）遵守道德是遵守法纪的坚强后盾。首先，法纪应包含最低限度的道德，没有道德基础的法纪，是无法获得人们的尊重和自觉遵守的。其次，道德对法纪的实施有保障作用，"徒善不足以为政，徒法不足以自行"，执法者职业道德的提高，守法者的法律意识、道德观念的加强，都对法纪的实施起着推动的作用。再者，道德又对法纪有补充作用，有些不宜由法纪调整的，或本应由法纪调整但因立法的滞后而尚"无法可依"的，道德约束往往就起到了必要的补充作用。

3. 公民道德的基本内容

公民道德主要包括社会公德、职业道德、家庭美德及个人品德四个方面。

（1）社会公德。公德是指与国家、组织、集体、民族、社会等有关的道德，社会公德是社会道德体系的社会层面，是维护社会公共生活正常进行的最基本的道德要求，是全体公民在社会交往和公共生活中应该遵循的行为准则，涵盖了人与人、人与社会、人与自然之间的关系。以文明礼貌、助人为乐、爱护公物、保护环境、遵纪守法为主要内容的社会公德，旨在鼓励人们在社会上做一个好公民。

（2）职业道德。职业道德是人们在职业生活中应当遵循的基本道德，是职业品德、职业纪律、专业能力及职业责任等的总称，它通过公约、守则等对职业生活中的某些方面加以规范。职业道德涵盖了从业人员与服务对象、职业与职工、职业与职业之间的关系；它既是对从业人员在职业活动中的行为要求，又是本行业对社会所承担的道德责任和义务。以爱岗敬业、诚实守信、办事公道、服务群众、奉献社会为主要内容的职业道德，旨在鼓励人们在工作中做一个好的建设者。

（3）家庭美德。家庭美德是调节家庭成员之间、邻里之间以及家庭与国家、社会、集体之间的行为准则，也是评价人们在恋爱、婚姻、家庭、邻里之间交往中的行为是非、善恶的标准。以尊老爱幼、男女平等、夫妻和睦、勤俭持家、邻里团结为主要内容的家庭美德，旨在鼓励人们在家庭生活里做一个好成员。

（4）个人品德。个人品德是一定社会的道德原则和规范在个人思想和行为中的体现，是一个人在其道德行为整体中所表现出来的比较稳定的、一贯的道德特点和倾向。个人品德是每个公民个人修养的体现，现代人应树立关爱、善待和宽厚的理念，对他人、对社会、对自然有关爱之心、善待之举和宽厚情怀。个人品德的内容包括很多，比如正直善良、谦虚谨慎、团结友爱、言行一致等。

社会公德、职业道德、家庭美德、个人品德这四个方面是一个有机的统一体，其外延由大到小，内涵由浅到深，共同构成一个完善的道德体系。在"四德"建设中，人的能动性及个人品德建设是至关重要的，个人品德的修养是树立道德意识、规范言行举止、建设和谐家庭、做好模范工作、维护社会和谐的基础。只有个人具备优良品德修养才能由己及人，才能由己及家庭、集体和社会。正确处理个人与社会、竞争与协作、经济效益与社会效益等关系，树立尊重人、理解人、关心人的理念，发扬社会主义人道主义精神，提倡为人民为社会多做好事、体现社会主义制度优越性、促进社会主义市场经济健康有序发展的良好道德风尚。

党的十八大对未来我国道德建设也做出了重要部署，强调依法治国和以德治国相结合，加强社会公德、职业道德、家庭美德、个人品德教育，弘扬中华传统美德，倡导时代新风，指出了道德修养的"四位一体"性。十八大报告中"推进公民道德建设工程，弘扬真善美、贬斥假恶丑，引导人们自觉履行法定义务、社会责任、家庭责任，营造劳动光荣、创造伟大的社会氛围，培育知荣辱、讲正气、作奉献、促和谐的良好风尚"，强调了社会氛围和社会风尚对公民道德品质的塑造；"深入开展道德领域突出问题专项教育和治理，加强政务诚信、商务诚信、社会诚信和司法公信建设"，突出了"诚信"这个道德建设的核心。

第二节　职业道德的基本特征和主要作用

1. 职业道德的概念

职业道德是指所有从业人员在职业活动中应该遵循的行为准则，是一定职业范围内的特殊道德要求，即整个社会对从业人员的职业观念、职业态度、职业技能、职业纪律和职业作风等方面的行为标准和要求。

职业道德是随着社会分工的发展，并出现相对固定的职业集团时产生的，人们的职业生活实践是职业道德产生的基础。特定的职业不但要求人们具备特定的知识和技能，而且要求人们具备特定的道德观念、情感和品质。各种职业集团，为了维护职业利益和信誉，适应社会的需要，从而在职业实践中，根据一般社会道德的基本要求，逐渐形成了职业道德规范。

职业道德是对从事这个职业所有人员的普遍要求，它不仅是所有从业人员在其职业活动中行为的具体表现，同时也是本职业对社会所负的道德责任与义务，是社会公德在职业生活中的具体化。每个从业人员，不论从事哪种职业，在职业活动中都要遵守职业道德，如现代中国社会中教师要遵守教书育人、为人师表的职业道德，医生要遵守救死扶伤的职业道德，企业经营者要遵守诚实守信、公平竞争、合法经营的职业道德等。

具体来讲，职业道德的含义主要包括以下八个方面：

（1）职业道德是一种职业规范，普遍受社会的认可。

（2）职业道德是长期以来自然形成的。

（3）职业道德没有确定的形式，通常体现为观念、习惯、信念等。

（4）职业道德依靠文化、内心信念和习惯，通过职工的自律来实现。

（5）职业道德大多没有实质的约束力和强制力。

（6）职业道德的主要内容是对职业人员义务的要求。

（7）职业道德标准多元化，代表了不同企业可能具有不同的价值观。

（8）职业道德承载着企业文化和凝聚力，影响深远。

2. 职业道德的基本特征

职业道德是从业人员在一定的职业活动中应遵循的、具有自身职业特征的道德要求和行为规范。职业道德具有以下几个特点：

（1）普遍性。从业者应当共同遵守基本职业道德行为规范，且在全世界的所有职业者都有着基本相同的职业道德规范。

（2）行业性。职业道德具有适用范围的有限性。每种职业都担负着一定的职业责任和职业义务，由于各种职业的职业责任和义务不同，从而形成各自特定的职业道德的具体规范。职业道德的内容与职业实践活动紧密相连，反映着特定职业活动对从业人员行为的道德要求。

（3）继承性。职业道德具有发展的历史继承性。由于职业具有不断发展和世代延续的特征，不仅其技术世代延续，其管理员工的方法、与服务对象打交道的方式也有一定的历史继承性。在长期实践过程中形成的职业道德内容，会被作为经验和传统继承下来，如"有教无类""学而不厌，诲人不倦"，从古至今都是教师的职业道德。

（4）实践性。一个从业者的职业道德知识、情感、意志、信念、觉悟、良心等都必须通过职业的实践活动，在自己的行为中表现出来，并且接受行业职业道德的评价和自我评价。

（5）多样性。职业道德表达形式多种多样，不同的行业和不同的职业，有不同的职业道德标准，且表现形式灵活。职业道德的表现形式总是从本职业的交流活动实际出发，采用诸如制度、守则、公约、承诺、誓言、条例等形式，以至标语口号之类来加以体现，既易于为从业人员所接受和实行，又便于形成一种职业的道德习惯。

（6）自律性。从业者通过对职业道德的学习和实践，逐渐培养成较为稳固的职业道德品质，良好的职业道德形成以后，又会在工作中逐渐形成行为上的条件反射，自觉地选择有利于社会、有利于集体的行为，这种自觉就是通过自我内心职业道德意识、觉悟、信念、意志、良心的主观约束控制来实现的。

（7）他律性。道德行为具有受舆论影响的特征，在职业生涯中，从业人员随时都受到所从事职业领域的职业道德舆论的影响。实践证明，创造良好的职业道德社会氛围、职业环境，并通过职业道德舆论的宣传、监督，可以有效地促进人们自觉遵守职业道德，并实现互相监督，共同提升道德境界。

3. 职业道德的主要作用

在现代社会里，人人都是服务对象，人人又都为他人服务。社会对人的关心、社会的安宁和人们之间关系的和谐，是同各个岗位上的服务态度、服务质量密切相关的。在构建和谐社会的新形势下，大力加强社会主义职业道德建设，具有十分重要的作用。

（1）加强职业道德是提高职业人员责任心的重要途径

职业道德要求把个人理想同各行各业、各个单位的发展目标结合起来，同个人的岗位职责结合起来，以增强员工的职业观念、职业事业心和职业责任感。职业道德要求员工在本职工作中不怕艰苦，勤奋工作，既要团结协作，又要争个人贡献，既讲经济效益，又讲社会效益。加强职业道德要求紧密联系本行业本单位的实际情况，有针对性地解决存在的问题。

（2）加强职业道德是促进企业和谐发展的迫切要求

职业道德的基本职能是调节职能，一方面可以调节从业人员内部的关系，即运用职业道德规范约束职业内部人员的行为，促进职业内部人员的团结与合作，加强职业、行业内部人员的凝聚力；另一方面，职业道德又可以调节从业人员与服务对象之间的关系，用来塑造本职业从业人员的社会形象。

企业是具有社会性的经济组织，在企业内部存在着各种复杂的关系，这些关系既有相互协调的一面，又有矛盾冲突的一面，如果解决不好，将会影响企业的凝聚力。这就要求企业所有的员工具有较高的职业道德觉悟，从大局出发，光明磊落、相互谅解、相互宽容、相互信赖、同舟共济，而不能意气用事、互相拆台。企业内部上下级之间、部门之间、员工之间团结协作，使企业真正成为一个具有社会主义精神风貌的和谐集体。

（3）加强职业道德是提高企业竞争力的必要措施

当前市场竞争激烈，各行各业都讲经济效益，要求企业的经营者在竞争中不断开拓创新。但行业之间为了自身的利益，会产生很多新的矛盾，形成自我力量的抵消，使一些企业的经营者在竞争中单纯追求利润、产值，不求质量，或者以次充好、以假乱真，不顾社会效益，损害国家、人民和消费者的利益，企业得到的只能是短暂的收益，失去的是消费者的信任，也就失去了生存和发展的源泉，难以在竞争的激流中屹立不倒。在企业中加强职业道德使得企业在追求自身利润的同时，又能创造好的社会效益，从而提升企业形象，赢得持久而稳定的市场份额；同时，也使企业内部员工之间相互尊重、相互信任、相互合作，从而提高企业凝聚力，企业方能在竞争中稳步发展。

（4）加强职业道德是个人健康发展的基本保障

市场经济对于职业道德建设有其积极一面，也有消极的一面，它的自发性、自由性、注重经济效益的特性，导致一些人"一切向钱看"，唯利是图，不择手段地追求经济效益，从而走入歧途，断送前程。提高从业人员的道德素质，树立职业理想，增强职业责任感，形成良好的职业行为，抵抗物欲诱惑，不被利欲所熏心，才能脚踏实地在本行业中追求进步。在社会主义市场经济条件下，只有具备职业道德精神的从业人员，才能在社会中站稳脚跟，成为社会的栋梁之材，在为社会创造效益的同时，也保障了自身的健康发展。

（5）加强职业道德是提高全社会道德水平的重要手段

职业道德是整个社会道德的主要内容，其一方面涉及每个从业者如何对待职业，如何对待工作，同时也是一个从业人员的生活态度、价值观念的表现，是一个人的道德意识和道德行为发展到成熟阶段的体现，具有较强的稳定性和连续性。另一方面，职业道德也是一个职业集体甚至一个行业全体人员的行为表现，如果每个行业、每个职业集体都具备优良的道德，那么对整个社会道德水平的提高就会发挥重要作用。

第三节　建设行业职业道德建设

1. 加强职业道德建设，践行社会主义核心价值观

"国无德不兴，人无德不立。"习近平总书记指出："核心价值观，其实就是一种德，既是个人的德，也是一种大德，就是国家的德、社会的德。"因此，"必须加强全社会的思想道德建设，激发人们形成善良的道德意愿、道德情感，培育正确的道德判断和道德责任，提高道德实践能力尤其是自觉践行能力，引导人们向往和追求讲道德、尊道德、守道德的生活，形成向上的力量、向善的力量。"培育社会主义核心价值观，首先要培植一种有益于国家、社会、他人的道德。

党的十八大提出，倡导富强、民主、文明、和谐，倡导自由、平等、公正、法治，倡导爱国、敬业、诚信、友善，积极培

育和践行社会主义核心价值观。富强、民主、文明、和谐是国家层面的价值目标，自由、平等、公正、法治是社会层面的价值取向，爱国、敬业、诚信、友善是公民个人层面的价值准则。"富强、民主、文明、和谐；自由、平等、公正、法治；爱国、敬业、诚信、友善"，这24个字是社会主义核心价值观的基本内容。践行社会主义核心价值观对于道德建设具有重要的指导意义，而加强道德建设又对践行社会主义核心价值观发挥着基础性作用，两者互有联系，相辅相成。

建设行业是社会主义现代化建设中的一个十分重要的行业。工厂、住宅、学校、商店、医院、体育场馆、文化娱乐设施等的建设，都离不开建设行为，它以满足人民群众日益增长的物质文化生活需要为出发点。建设行业职业道德是社会主义核心价值观、社会主义道德规范在建设行业的具体体现。

2. 结合建设行业特点和现实，加强职业道德建设

（1）职业道德建设的行业特点

以建设行业中建筑为例，专业多、岗位多、从业人员多且普遍文化程度较低、综合素质相对不高；条件艰苦，任务繁重，露天作业、高空作业，常年日晒雨淋，生产生活场所条件艰苦，安全设施落后和不足，作业存在安全隐患，安全事故频发；施工涉及面大，人员流动性强，四海为家，四处奔波，难以接受长期定点的培训教育；工种之间联系紧密，各专业、各工种、各岗位前后延续共同完成工程的建设；具有较强的社会性，一座建筑物凝聚了多方面的努力，体现了其社会价值和经济价值。同时，随着国民经济的发展，建筑行业地位和作用也越来越重要，行业发展关乎国计民生。因此，对从业人员开展及时的、各类形式灵活多样的教育培训，提高其道德素养、文化水平、专业知识和职业技能；结合行业特点，加强团结协作教育、服务意识教育和职业道德教育，一切为了社会广大人民和子孙后代的利益，坚持社会主义、集体主义原则，严谨务实，艰苦奋斗、多出精品优质工程，体现其社会价值和经济价值尤为重要。

（2）职业道德建设的行业现实

一个建筑物的诞生或一项工程的竣工需要有良好的设计、周密的施工、合格的建筑材料和严格的检验与监督。近几年来，出现设计结构不合理、计算偏差、不考虑相关因素的情况，埋下重大隐患；施工过程中秩序混乱；建筑材料伪劣产品层出不穷；金钱、人情关系扰乱工程安全质量监督，质量安全事故屡见不鲜。作为百年大计的工程建设产品，如果质量差，损失和危害将无法估量。例如5·12汶川大地震中某些倒塌的问题房屋，杭州地铁坍塌，上海、石家庄在建楼房倒塌事件等。造成这些问题的因素很多，但是道德因素是其中最重要的因素之一。再如，面对激烈的市场竞争，一些建筑企业为了拿到工程项目，使用各种手段，其中手段之一就是盲目压价，用根本无法完成工程的价格去投标。中标后就在设计、施工、材料等方面做文章，启用非法设计人员搞黑设计；施工中偷工减料；材料上买低价伪劣产品，最终使建筑物的"百年大计"大大打了折扣。因此，大力加强建设行业职业道德建设，营造市场经济良好环境，经济效益和社会效益并重尤为紧迫。

3. 建设行业职业道德要求

根据住房和城乡建设部发布的《建筑业从业人员职业道德规范（试行）》，对建筑从业人员共同职业道德规范要求如下：

（1）热爱事业，尽职尽责

热爱建筑事业，安心本职工作，树立职业责任感和荣誉感，发扬主人翁精神，尽职尽责，在生产中不怕苦，勤勤恳恳，努力完成任务。

（2）努力学习，苦练硬功

努力学文化，学知识，刻苦钻研技术，熟练掌握本工种的基本技能，练就一身过硬本领。努力学习和运用先进的施工方法，钻研建筑新技术、新工艺、新材料。

（3）精心施工，确保质量

树立"百年大计、质量第一"的思想，按设计图纸和技术规范精心操作，确保工程质量，用优良的成绩树立建筑工人形象。

（4）安全生产，文明施工

树立安全生产意识，严格安全操作规程，杜绝一切违章作业现象，确保安全生产无事故。维护施工现场整洁，在争创安全文明标准化现场管理中作出贡献。

（5）节约材料，降低成本

发扬勤俭节约优良传统，在操作中珍惜一砖一木，合理使用材料，认真做好落手清、现场清，及时回收材料，努力降低工程成本。

（6）遵章守纪，维护公德

要争做文明员工模范，遵守各项规章制度，发扬团结互助精神，尽力为其他工种提供方便。

4. 特种作业人员职业道德核心内容

（1）安全第一

坚持"生产必须安全，安全为了生产"的意识，严格遵守操作规程。操作人员要强化安全意识，认真执行安全生产的法律、法规、标准和规范，严格执行操作规程和程序，杜绝一切违章作业，不野蛮施工，不乱堆乱扔。

（2）诚实守信

诚实守信作为社会主义职业道德的基本规范，是和谐社会发展的必然要求，它不仅是建设领域职工安身立命的基础，也是企业赖以生存和发展的基石。操作人员要言行一致，表里如一，真实无欺，相互信任，遵守诺言，忠实地履行自己应当承担的责任和义务。

（3）爱岗敬业

爱岗就是热爱自己的工作岗位，敬业就是要用一种恭敬严肃的态度对待自己的工作。操作人员应当热爱本职工作，不怕苦、不怕累，认真负责，集中精力，精心操作，密切配合其他工种施工，确保工程质量，使工程如期完成。这是社会对每个从业者的要求，更应当是每个从业者对自己的自觉约束。

（4）钻研技术

操作人员要努力学习科学文化知识，刻苦钻研专业技术，苦练硬功，扎实工作，熟练掌握本工作的基本技能，努力学习和运用先进的施工方法，精通本岗位业务，不断提高业务能力。

（5）保护环境

文明操作，防止损害他人和国家财产。讲究施工环境优美，做到优质、高效、低耗。做到不乱排污水，不乱倒垃圾，不影响交通，不扰民施工。

第二章 建筑施工特种作业人员和管理

第一节 建筑施工特种作业

1. 建筑施工特种作业概念

建筑施工特种作业人员是指在房屋建筑和市政工程施工活动中，从事对本人、他人的生命健康及周围设施的安全可能造成重大危害的作业人员。

特种作业有着不同的危险因素，《中华人民共和国安全生产法》规定：生产经营单位的特种作业人员必须按照国家有关规定经专门的安全作业培训，取得相应资格后方可上岗作业。

2. 建筑施工特种作业工种

（1）住房和城乡建设部《建筑施工特种作业人员管理规定》（建质〔2008〕75号）所确定的建筑施工特种作业人员包括：

1）建筑电工。

2）建筑架子工。

3）建筑起重信号司索工。

4）建筑起重机械司机。

5）建筑起重机械安装拆卸工。

6）高处作业吊篮安装拆卸工。

7）经省级以上人民政府建设主管部门认定的其他特种作业。

（2）《江苏省建筑施工特种作业人员管理暂行办法》（苏建管质〔2009〕5号），规定了江苏省的建筑施工特种作业人员包括：

1）建筑电工。

2）建筑架子工。

3）建筑起重信号司索工。

4）建筑起重机械司机。

5）建筑起重机械安装拆卸工。

6）高处作业吊篮安装拆卸工。

7）建筑焊工。

8）建筑起重机械安装质量检验工。

9）桩机操作工。

10）建筑混凝土泵操作工。

11）建筑施工现场场内机动车司机。

12）其他特种作业人员。

目前，江苏省又将"建筑施工现场场内机动车司机"细分为："建筑施工现场场内叉车司机""建筑施工现场场内装载机司机""建筑施工现场场内翻斗车司机""建筑施工现场场内推土机司机""建筑施工现场场内挖掘机司机""建筑施工现场场内压路机司机""建筑施工现场场内平地机司机""建筑施工现场场内沥青混凝土摊铺机司机"等。

第二节　建筑施工特种作业人员

按照住房和城乡建设部与江苏省建设行政主管部门的规定，从事建筑施工特种作业的人员应当取得建筑施工特种作业人员操作资格证书，方可上岗从事相应作业。

1. 年龄及身体要求

年满18周岁且符合相应特种作业规定的年龄要求。

近3个月内经二级乙等以上医院体检合格且无听觉障碍、无色盲，无妨碍从事本工种的疾病（如癫痫病、高血压、心脏病、眩晕症、精神病和突发性昏厥症等）和生理缺陷。

2. 学历要求

初中及以上学历。其中，报考建筑起重机械安装质量检验工（塔式起重机、施工升降机）的人员，应符合下列条件之一：

（1）具有工程机械（建筑机械）类、电气类大专以上学历或工程机械（建筑机械）类、电气类、安全工程类助理工程师任职资格，并从事起重机设计、制造、安装调试、维修、操作、检验工作2年及其以上。

（2）具有工程机械（建筑机械）类、电气类中专、理工科（非起重专业）大专以上学历或工程机械（建筑机械）类、电气类、安全工程类技术员任职资格，并从事起重机设计、制造、安装调试、维修、操作、检验工作3年及其以上。

（3）具有高中学历并从事起重机设计、制造、安装调试、维修、操作、检验工作5年及其以上。

3. 考核要求

（1）报名

全省建筑施工特种作业人员考核、发证及管理系统集成在"江苏省建筑业监管信息平台2.0"上。建筑施工企业人员可由企业统一组织通过监管信息平台直接报名，非建筑施工企业人员向所在地考核基地报名，填报相应工种，经市县建设（筑）主管部门资格审查合格后，到经省建设行政主管部门认定的建筑施工特种作业考核基地，进行培训后参加考核。

凡申请考核、延期复核、换证的人员均须进行二代身份证信息和指静脉信息采集。采集入库的二代身份证和指静脉信息，作为今后个人进行考核、延期复核、换证、查验的依据，如信息不吻合，将影响上述有关事项的办理。

企业可自行采集本企业申报人员二代身份证信息，指纹信息须由申报人员至考核基地进行现场采集。

（2）考核

建筑施工特种作业人员考核包括安全技术理论和安全操作技能。

考核内容分掌握、熟悉、了解三类。其中掌握即要求能运用相关特种作业知识解决实际问题；熟悉即要求能较深理解相关特种作业安全技术知识；了解即要求具有相关特种作业的基本知识。

（3）考核办法

1）安全技术理论考核。采用无纸化网络闭卷考试方式，考试时间为 2 小时，实行百分制，60 分为合格。其中，安全生产基本知识占 25％、专业基础知识占 25％、专业技术理论占 50％。

2）安全操作技能考核。采用实际操作（或模拟操作）、口试等方式，考核实行百分制，70 分为合格。

3）参考人员在安全技术理论考核合格后，方可参加实际操作技能考核。同一工种的实操考核时间不得早于理论考核时间，在实际操作技能考核合格后，可以取得相应的建筑施工特种作业人员操作资格。

4. 发证

（1）按照住房和城乡建设部《建筑施工特种作业人员管理规定》（建质〔2008〕75 号）的规定，考核发证机关对于考核合格的，应当自考核结果公布之日起 10 个工作日内颁发资格证书。资格证书采用国务院建设主管部门统一规定的式样，由考核发证机关编号后签发。资格证书在全国通用。

（2）江苏省建设行政主管部门从 2017 年下半年开始，试行发放"电子证书"。此项工作得到了住房和城乡建设部的同意。2017 年 10 月 18 日，江苏省政务服务管理办公室与省住房和城乡建设厅联合发文《关于启用住房城乡建设领域从业人员考核合格电子证书使用的有关通知》（省政务办发〔2017〕66 号），文件规定从 2017 年 12 月 1 日起，全面启用电子证书，停发同名纸质证书。根据《中华人民共和国电子签名法》的规定，可靠的电子证书具备与同名纸质证书相同效力。省住房和城乡建设厅核发的电子证书，各地在公共资源交易、资质核准予以认可。

（3）电子证书式样（图 2-1）

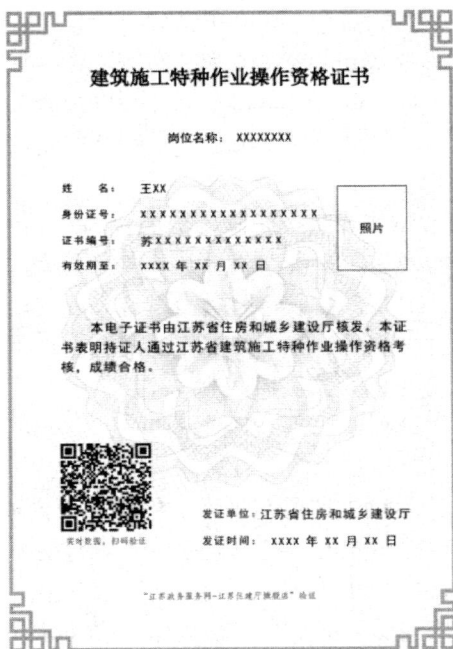

图 2-1　电子证书的样式

第三节　建筑施工特种作业人员的权利

1. 获得劳动安全卫生的保护权利

建筑施工特种作业人员有获得用人单位提供符合国家规定的劳动安全卫生条件和必要的劳动防护用品的权利；并且有要求按照规定获得职业病健康体检、职业病诊疗、康复等职业病防治服务的权利。

2. 对安全生产状况的知情、参与和建议的权利

建筑施工特种作业人员有获得所从事的特种作业，可能面临的任何潜在危险、职业危害，安全与健康及特种作业可能造成的后果的知情权；有参与判别和解决所面临的劳动安全卫生问题的权利；有对本单位的安全生产和劳动安全卫生工作建议的权利。

3. 接受职业技能教育培训的权利

建筑施工特种作业人员有接受职业技能教育和安全生产知识培训的权利，以获得对工作环境、生产过程、机械设备和危险物质等方面的有关安全卫生知识。

4. 拒绝违章指挥和强令冒险作业的权利

建筑施工特种作业人员在单位领导或者有关工程技术人员违章指挥，或者在明知存在危险因素而没有采取安全保护措施，强迫命令操作人员作业时，有拒绝工作的权利。

5. 危险状态下的紧急避险权利

在生产劳动过程中，当发现危及作业人员生命安全的情况时，作业人员有权停止工作或者撤离现场。

6. 安全生产活动的监督与批评、检举、控告和申诉的权利

建筑施工特种作业人员对用人单位遵守劳动安全卫生法律法规和标准，履行保护工人安全健康的责任的情况，有监督的权利。对用人单位违反劳动安全卫生法律法规和标准，不履行其责任的情况，作业人员有批评、检举和控告的权利。在劳动保护等方面受到用人单位不公正待遇时，作业人员有向有关部门提出申诉的权利。

对作业人员的检举、控告和申诉，建设行政主管部门和其他有关部门应当查清事实，认真处理，不得压制和打击报复。

用人单位不得因作业人员对本单位安全生产工作提出批评、检举、控告或者拒绝违章指挥、强令冒险作业及向有关部门提出申诉而降低其工资、福利等待遇或者解除与其订立的劳动合同。

7. 依法获得工伤保险的权利

生产经营单位必须依法参加工伤社会保险，为从业人员缴纳保险费。建筑施工企业必须为从事危险作业的职工办理意外伤害保险，支付保险费。当作业人员发生工伤事故时，有依法获得相关保险的权利。

第四节 建筑施工特种作业人员的义务

1. 遵守有关安全生产的法律、法规和规章的义务

建筑施工特种作业人员在施工活动中，应当遵守有关安全生产的法律、法规和规章。遵守建筑施工安全强制性标准和用人单位的规章制度，严格按照操作规程操作，做到不违规作业、不违章作业。

2. 提高职业技能和安全生产操作水平的义务

建筑施工特种作业人员面对建筑施工活动中的复杂性和多样性，要不断提高职业技能水平。在未上岗之前应参加岗前技能培训和安全生产操作能力的培训，掌握安全操作知识和技能，取得相应合格证书后方可上岗工作。已在工作岗位上的人员，还必须经常性地参加有关的教育培训，熟练掌握本工种的各项安全操作技能，不断提高职业技能和安全生产操作水平。

3. 遵守劳动纪律的义务

建筑施工特种作业人员应严格遵守用人单位的劳动纪律。劳动纪律是用人单位为形成和维持生产经营秩序，保证劳动合同得以履行，要求全体员工在集体劳动、工作、生活过程中以及与劳动、工作紧密相关的其他过程中必须共同遵守的规则。

4. 发现事故隐患和其他不安全因素，立即报告的义务

建筑施工特种作业人员在施工现场直接承担具体的作业活动，更容易发现事故隐患或者其他不安全因素，一旦发现事故隐患或者其他不安全因素，作业人员应当立即向现场安全生产管理人员或者本单位负责人报告，不得隐瞒不报或者拖延报告。如果作业人员发现所报告的事故隐患或者其他不安全因素得不到解决，作业人员也可以越级上报。

5. 完成生产任务的义务

建筑施工特种作业人员完成合理的生产任务是应尽的义务，也是取得劳动报酬的基本条件。作业人员在完成合理生产任务的前提下，还应该保证质量，争做生产劳动的积极分子，为企业经济效益、社会财富的积累、国家的发展做出自己应有的贡献。

第五节　建筑施工特种作业人员的管理

根据住房和城乡建设部的规定，省、自治区、直辖市人民政府建设主管部门或者其委托的考核机构负责本行政区域内建筑施工特种作业人员的考核工作。

1. 建设行政主管部门的管理职责

（1）省建设行政主管部门的管理职责

1）负责全省范围内建筑施工特种作业人员的考核监督管理工作。

2）研究制定特种作业人员执业资格考核标准、考核大纲，建立相应工种的试题库。

3）认证特种作业人员执业资格考核基地。

4）负责特种作业人员执业资格考核工作的师资教育培训，监督管理考核考务工作。

5）负责特种作业人员执业证书的颁发和管理。

6）负责特种作业人员统计信息工作。

7）其他监督管理工作。

（2）受委托的市、县建设（筑）行政主管部门的管理职责

1）负责本行政区域内特种作业人员的监督管理工作，制定本地区特种作业人员考核发证管理制度，建立本地区特种作业人员档案。

2）负责考核基地的初审和考评人员的日常管理。

3）负责特种作业人员考核工作的组织实施。

4）负责特种作业人员考核、延期复核、换证的市、县分级审核。

5）负责特种作业人员执业继续教育。

6）负责特种作业人员的统计信息工作。

7）监督检查特种作业人员的从业活动，查处违章行为并记录在档。

8）其他监督管理工作。

2．用人单位的管理职责

（1）用人单位对于首次取得执业资格证书的人员，应当在其正式上岗前安排不少于 3 个月的实习操作。实习操作期间，用人单位应当指定专人指导和监督作业。实习操作期满经用人单位考核合格后方可独立作业（所指定的专人应当从已取得相应特种作业资格证书、从事相关工作 3 年以上、无不良记录的熟练工中选取）。

（2）与持有效执业资格证书的特种作业人员签订劳动合同。

（3）制定并落实本单位特种作业安全操作规程和安全管理制度。

（4）书面告知特种作业人员违章操作的危害。

（5）向特种作业人员提供齐全、合格的安全防护用品和安全的作业条件。

（6）组织或者委托有能力的培训机构对本单位特种作业人员进行年度安全生产教育培训或者继续教育，时间不少于 24 小时。

（7）建立本单位特种作业人员管理档案。

（8）查处特种作业人员违章行为并记录在档。

（9）法律法规及有关规定明确的其他职责。

3．特种作业人员应履行的职责

（1）严格遵守国家有关安全生产规定和本单位的规章制度，按照安全技术标准、规范和规程进行作业。

（2）正确佩戴和使用安全防护用品，并按规定对作业工具和设备进行维护保养。

（3）在施工中发生危及人身安全的紧急情况时，有权立即停止作业或者撤离危险区域，并向施工现场专职安全生产管理人员和项目负责人报告。

（4）自觉参加年度安全教育培训或者继续教育，每年不得少于 24 小时。

（5）拒绝违章指挥，并制止他人违章作业。

（6）法律法规及有关规定明确的其他职责。

4. 特种作业人员资格证书的延期

建筑施工特种作业人员执业资格证书有效期为2年。有效期满需要延期的，持证人员本人应当在期满前3个月内，向原市县考核受理机关提出申请，市县建设行政主管部门初审后，向省建设行政主管部门申请办理延期复核相关手续。延期复核合格的，证书有效期延期2年。

（1）特种作业人员申请资格证书延期复核，应当提交下列材料：

1）延期复核申请表。

2）身份证（原件和复印件）。

3）近3个月内由二级乙等以上医院出具的体检合格证明。

4）年度安全教育培训证明和继续教育证明。

5）用人单位出具的特种作业人员管理档案记录。

6）规定提交的其他资料。

（2）特种作业人员在资格证书有效期内，有下列情形之一的，延期复核结果为不合格：

1）超过相关工种规定年龄要求的。

2）身体健康状况不再适应相应特种作业岗位的。

3）对生产安全事故负有直接责任的。

4）2年内违章操作记录达3次（含3次）以上的。

5）未按规定参加年度安全教育培训或者继续教育的。

6）规定的其他情形。

（3）市县建设行政主管部门在接到特种作业人员提交的延期复核申请后，应当根据下列情况分别作出处理：

1）对于不符合延期复核申请相关情形的，市县建设行政主管部门自收到延期复核资料之日起5个工作日内作出不予延期决定，并说明理由。

2）对于提交资料齐全且符合延期复审申请相关情形的，省建设行政主管部门自收到市县建设行政主管部门延期复核相关手续之日起 10 个工作日内办理准予延期复核手续。

（4）省建设行政主管部门应当在资格证书有效期满前按相关规定作出决定，逾期未作出决定的，视为延期复核合格。

5. 特种作业人员资格证书的撤销与注销

（1）省建设行政主管部门对有下列情形之一的，应当撤销资格证书：

1）持证人弄虚作假骗取资格证书或者办理延期手续的。

2）工作人员违法核发资格证书的。

3）持证人员因安全生产责任事故承担刑事责任的。

4）规定应当撤销的其他情形。

（2）省建设行政主管部门对有下列情形之一的，应当注销资格证书：

1）按规定不予延期的。

2）持证人逾期未申请办理延期复核手续的。

3）持证人死亡或者不具有完全民事行为能力的。

4）本人提出要求的。

5）规定应当注销的其他情形。

6. 特种作业人员管理的其他要求

（1）持有特种作业资格证书的执业人员，应当受聘于建筑施工企业或者建筑起重机械出租单位（以下简称用人单位），方可从事相应的特种作业。

（2）任何单位和个人不得非法涂改、倒卖、出租、出借或者以其他形式转让资格证书。

（3）特种作业人员变动工作单位，任何单位和个人不得以任何理由非法扣押其执业资格证书。

（4）各地应当建立举报制度，公开举报电话或者电子信箱，受理有关特种作业人员考核、发证以及延期复核的举报。对受理的举报，有关机关和工作人员应当及时妥善处理。

第三章　建筑施工安全生产相关法规及管理制度

第一节　建筑安全生产相关法律主要内容

《中华人民共和国宪法》规定：国家通过各种途径，创造劳动就业条件，加强劳动保护，改善劳动条件，并在发展生产的基础上，提高劳动报酬和福利待遇。

劳动是一切有劳动能力的公民的光荣职责。国有企业和城乡集体经济组织的劳动者都应当以国家主人翁的态度对待自己的劳动。国家提倡社会主义劳动竞赛，奖励劳动模范和先进工作者。

1.《中华人民共和国建筑法》相关内容

（1）建筑活动应当确保建筑工程质量和安全，符合国家的建筑工程安全标准。

（2）从事建筑活动应当遵守法律、法规，不得损害社会公共利益和他人的合法权益。

（3）建筑工程安全生产管理必须坚持安全第一、预防为主的方针，建立健全安全生产的责任制度和群防群治制度。

（4）建筑施工企业应当在施工现场采取维护安全、防范危险、预防火灾等措施；有条件的，应当对施工现场实行封闭管理。

施工现场对毗邻的建筑物、构筑物和特殊作业环境可能造成损害的，建筑施工企业应当采取安全防护措施。

（5）建筑施工企业应当遵守有关环境保护和安全生产的法律、法规的规定，采取控制和处理施工现场的各种粉尘、废气、废水、固体废物以及噪声、振动对环境的污染和危害的措施。

（6）建筑施工企业必须依法加强对建筑安全生产的管理，落实安全生产责任制度，采取有效措施，防止伤亡和其他安全生产事故的发生。

建筑施工企业的法定代表人对本企业的安全生产负责。

（7）施工现场安全由建筑施工企业负责。实行施工总承包的，由总承包单位负责。分包单位向总承包单位负责，服从总承包单位对施工现场的安全生产管理。

（8）建筑施工企业应当建立健全劳动安全生产教育培训制度，加强对职工安全生产的教育培训；未经安全生产教育培训的人员，不得上岗作业。

（9）建筑施工企业和作业人员在施工过程中，应当遵守有关安全生产的法律、法规和建筑行业安全规章、规程，不得违章指挥或者违章作业。作业人员有权对影响人身健康的作业程序和作业条件提出改进意见，有权获得安全生产所需的防护用品。作业人员对危及生命安全和人身健康的行为有权提出批评、检举和控告。

（10）建筑施工企业应当依法为职工参加工伤保险缴纳工伤保险费。鼓励企业为从事危险作业的职工办理意外伤害保险，支付保险费。

（11）施工中发生事故时，建筑施工企业应当采取紧急措施减少人员伤亡和事故损失，并按照国家有关规定及时向有关部门报告。

2.《中华人民共和国安全生产法》相关内容

（1）生产经营单位必须遵守本法和其他有关安全生产的法律、法规，加强安全生产管理，建立健全安全生产责任制和安全生产规章制度，改善安全生产条件，推进安全生产标准化建设，提高安全生产水平，确保安全生产。

（2）有关协会组织依照法律、行政法规和章程，为生产经营单位提供安全生产方面的信息、培训等服务，发挥自律作用，促进生产经营单位加强安全生产管理。

（3）国家实行生产安全事故责任追究制度，依照本法和有关法律、法规的规定，追究生产安全事故责任人员的法律责任。

（4）生产经营单位应当对从业人员进行安全生产教育和培训，保证从业人员具备必要的安全生产知识，熟悉有关的安全生产规章制度和安全操作规程，掌握本岗位的安全操作技能，了解事故应急处理措施，知悉自身在安全生产方面的权利和义务。未经安全生产教育和培训合格的从业人员，不得上岗作业。

（5）生产经营单位的特种作业人员必须按照国家有关规定经专门的安全作业培训，取得相应资格，方可上岗作业。

（6）生产经营单位应当建立健全生产安全事故隐患排查治理制度，采取技术、管理措施，及时发现并消除事故隐患。事故隐患排查治理情况应当如实记录，并向从业人员通报。

（7）承担安全评价、认证、检测、检验的机构应当具备国家规定的资质条件，并对其作出的安全评价、认证、检测、检验的结果负责。

（8）负有安全生产监督管理职责的部门应当建立举报制度，公开举报电话、信箱或者电子邮件地址，受理有关安全生产的举报；受理的举报事项经调查核实后，应当形成书面材料；需要落实整改措施的，报经有关负责人签字并督促落实。

（9）任何单位或者个人对事故隐患或者安全生产违法行为，均有权向负有安全生产监督管理职责的部门报告或者举报。

（10）新闻、出版、广播、电影、电视等单位有进行安全生产宣传教育的义务，有对违反安全生产法律、法规的行为进行舆论监督的权利。

3.《中华人民共和国特种设备安全法》相关内容

（1）特种设备生产、经营、使用单位应当遵守本法和其他有关法律、法规，建立、健全特种设备安全和节能责任制度，加强特种设备安全和节能管理，确保特种设备生产、经营、使用安全，符合节能要求。

（2）任何单位和个人有权向负责特种设备安全监督管理的部

门和有关部门举报涉及特种设备安全的违法行为，接到举报的部门应当及时处理。

（3）特种设备生产、经营、使用单位及其主要负责人对其生产、经营、使用的特种设备安全负责。

特种设备生产、经营、使用单位应当按照国家有关规定配备特种设备安全管理人员、检测人员和作业人员，并对其进行必要的安全教育和技能培训。

（4）特种设备安全管理人员、检测人员和作业人员应当按照国家有关规定取得相应资格，方可从事相关工作。特种设备安全管理人员、检测人员和作业人员应当严格执行安全技术规范和管理制度，保证特种设备安全。

（5）特种设备使用单位应当建立岗位责任、隐患治理、应急救援等安全管理制度，制定操作规程，保证特种设备安全运行。

（6）特种设备使用单位应当建立特种设备安全技术档案。

安全技术档案应当包括以下内容：

1）特种设备的设计文件、产品质量合格证明、安装及使用维护保养说明、监督检验证明等相关技术资料和文件；

2）特种设备的定期检验和定期自行检查记录；

3）特种设备的日常使用状况记录；

4）特种设备及其附属仪器仪表的维护保养记录；

5）特种设备的运行故障和事故记录。

（7）特种设备的使用应当具有规定的安全距离、安全防护措施。

（8）特种设备使用单位应当对其使用的特种设备进行经常性维护保养和定期自行检查，并做出记录。

特种设备使用单位应当对其使用的特种设备的安全附件、安全保护装置进行定期校验、检修，并做出记录。

（9）特种设备使用单位应当按照安全技术规范的要求，在检验合格有效期届满前一个月向特种设备检验机构提出定期检验要求。

特种设备检验机构接到定期检验要求后，应当按照安全技术规范的要求及时进行安全性能检验。特种设备使用单位应当将定期检验标志置于该特种设备的显著位置。

未经定期检验或者检验不合格的特种设备，不得继续使用。

（10）特种设备安全管理人员应当对特种设备使用状况进行经常性检查，发现问题应当立即处理；情况紧急时，可以决定停止使用特种设备并及时报告本单位有关负责人。

特种设备作业人员在作业过程中发现事故隐患或者其他不安全因素，应当立即向特种设备安全管理人员和单位有关负责人报告；特种设备运行不正常时，特种设备作业人员应当按照操作规程采取有效措施保证安全。

（11）特种设备出现故障或者发生异常情况，特种设备使用单位应当对其进行全面检查，消除事故隐患，方可继续使用。

（12）负责特种设备安全监督管理的部门在依法履行监督检查职责时，可以行使下列职权：

1）进入现场进行检查，向特种设备生产、经营、使用单位和检验、检测机构的主要负责人和其他有关人员调查、了解有关情况；

2）根据举报或者取得的涉嫌违法证据，查阅、复制特种设备生产、经营、使用单位和检验、检测机构的有关合同、发票、账簿以及其他有关资料；

3）对有证据表明不符合安全技术规范要求或者存在严重事故隐患的特种设备实施查封、扣押；

4）对流入市场的达到报废条件或者已经报废的特种设备实施查封、扣押；

5）对违反本法规定的行为作出行政处罚决定。

（13）特种设备使用单位应当制定特种设备事故应急专项预案，并定期进行应急演练。

（14）特种设备发生事故后，事故发生单位应当按照应急预案采取措施，组织抢救，防止事故扩大，减少人员伤亡和财产损失，保护事故现场和有关证据，并及时向事故发生地县级以上人民政府负责特种设备安全监督管理的部门和有关部门报告。

与事故相关的单位和人员不得迟报、谎报或者瞒报事故情况，不得隐匿、毁灭有关证据或者故意破坏事故现场。

4.《中华人民共和国劳动合同法》相关内容

（1）用人单位自用工之日起即与劳动者建立劳动关系。用人单位应当建立职工名册备查。

（2）用人单位招用劳动者时，应当如实告知劳动者工作内容、工作条件、工作地点、职业危害、安全生产状况、劳动报酬，以及劳动者要求了解的其他情况；用人单位有权了解劳动者与劳动合同直接相关的基本情况，劳动者应当如实说明。

（3）用人单位招用劳动者，不得扣押劳动者的居民身份证和其他证件，不得要求劳动者提供担保或者以其他名义向劳动者收取财物。

（4）建立劳动关系，应当订立书面劳动合同。

已建立劳动关系，未同时订立书面劳动合同的，应当自用工之日起一个月内订立书面劳动合同。

用人单位与劳动者在用工前订立劳动合同的，劳动关系自用工之日起建立。

（5）劳动合同无效或者部分无效的情形：

1）以欺诈、胁迫的手段或者乘人之危，使对方在违背真实意思的情况下订立或者变更劳动合同的；

2）用人单位免除自己的法定责任、排除劳动者权利的；

3）违反法律、行政法规强制性规定的。

对劳动合同的无效或者部分无效有争议的，由劳动争议仲裁机构或者人民法院确认。

（6）用人单位应当按照劳动合同约定和国家规定，向劳动者及时足额支付劳动报酬。

用人单位拖欠或者未足额支付劳动报酬的，劳动者可以依法向当地人民法院申请支付令，人民法院应当依法发出支付令。

（7）用人单位应当严格执行劳动定额标准，不得强迫或者变相强迫劳动者加班。用人单位安排加班的，应当按照国家有关规定向劳动者支付加班费。

（8）劳动者拒绝用人单位管理人员违章指挥、强令冒险作业的，不视为违反劳动合同。

劳动者对危害生命安全和身体健康的劳动条件，有权对用人单位提出批评、检举和控告。

5.《中华人民共和国刑法》相关内容

（1）【重大责任事故罪】在生产、作业中违反有关安全管理的规定，因而发生重大伤亡事故或者造成其他严重后果的，处三年以下有期徒刑或者拘役；情节特别恶劣的，处三年以上七年以下有期徒刑。

（2）【强令违章冒险作业罪】强令他人违章冒险作业，因而发生重大伤亡事故或者造成其他严重后果的，处五年以下有期徒刑或者拘役；情节特别恶劣的，处五年以上有期徒刑。

（3）【重大劳动安全事故罪】安全生产设施或者安全生产条件不符合国家规定，因而发生重大伤亡事故或者造成其他严重后果的，对直接负责的主管人员和其他直接责任人员，处三年以下有期徒刑或者拘役；情节特别恶劣的，处三年以上七年以下有期徒刑。

（4）【工程重大安全事故罪】建设单位、设计单位、施工单位、工程监理单位违反国家规定，降低工程质量标准，造成重大安全事故的，对直接责任人员，处五年以下有期徒刑或者拘役，并处罚金；后果特别严重的，处五年以上十年以下有期徒刑，并处罚金。

（5）【消防责任事故罪】违反消防管理法规，经消防监督机构通知采取改正措施而拒绝执行，造成严重后果的，对直接责任人员，处三年以下有期徒刑或者拘役；后果特别严重的，处三年以上七年以下有期徒刑。

（6）【不报、谎报安全事故罪】在安全事故发生后，负有报告职责的人员不报或者谎报事故情况，贻误事故抢救，情节严重的，处三年以下有期徒刑或者拘役；情节特别严重的，处三年以上七年以下有期徒刑。

第二节 建筑安全生产相关法规主要内容

1. 《建设工程安全生产管理条例》

该条例规定了施工单位的相关安全责任，包括：依法取得资质和承揽工程；建立健全安全生产制度和操作规程；保证本单位安全生产条件所需资金的投入；设立安全生产管理机构，配备专职安全生产管理人员；总承包单位对施工现场的安全生产负总责；总承包单位和分包单位对分包工程的安全生产承担连带责任；特种作业人员必须按照国家有关规定经过专门的安全作业培训，并取得特种作业操作资格证书；施工单位的施工组织设计及专项施工方案管理责任；建设工程施工安全技术交底责任；施工现场、办公、生活区安全文明管理责任；相邻建筑物及环保管理责任；施工现场防火管理责任；施工作业人员安全防护及劳保管理责任；施工机械管理责任；施工单位的主要负责人、项目负责人、专职安全生产管理人员任职管理责任；施工单位对管理人员和作业人员的安全生产教育培训管理责任；施工单位为施工现场从事危险作业的人员办理意外伤害保险等相关安全责任。

相关内容：

（1）垂直运输机械作业人员、安装拆卸工、爆破作业人员、起重信号工、登高架设作业人员等特种作业人员，必须按照国家有关规定经过专门的安全作业培训，并取得特种作业操作资格证书后，方可上岗作业。

（2）施工单位应当在施工现场入口处、施工起重机械、临时用电设施、脚手架、出入通道口、楼梯口、电梯井口、孔洞口、桥梁口、隧道口、基坑边沿、爆破物及有害危险气体和液体存放处等危险部位，设置明显的安全警示标志。安全警示标志必须符合国家标准。

施工单位应当根据不同施工阶段和周围环境及季节、气候的变化，在施工现场采取相应的安全施工措施。施工现场暂时停止施工的，施工单位应当做好现场防护，所需费用由责任方承担，或者按照合同约定执行。

（3）施工单位应当向作业人员提供安全防护用具和安全防护服装，并书面告知危险岗位的操作规程和违章操作的危害。

作业人员有权对施工现场的作业条件、作业程序和作业方式中存在的安全问题提出批评、检举和控告，有权拒绝违章指挥和强令冒险作业。

在施工中发生危及人身安全的紧急情况时，作业人员有权立即停止作业或者在采取必要的应急措施后撤离危险区域。

2.《生产安全事故报告和调查处理条例》

该条例对事故报告、事故调查、事故等级及事故处理作出了如下规定：

（1）根据生产安全事故（以下简称事故）造成的人员伤亡或者直接经济损失，事故一般分为以下等级：

1）特别重大事故，是指造成 30 人（含 30 人）以上死亡，或者 100 人（含 100 人）以上重伤（包括急性工业中毒，下同），或者 1 亿元（含 1 亿元）以上直接经济损失的事故；

2）重大事故，是指造成 10 人（含 10 人）以上 30 人以下死亡，或者 50 人（含 50 人）以上 100 人以下重伤，或者 5000 万元（含 5000 万元）以上 1 亿元以下直接经济损失的事故；

3）较大事故，是指造成 3 人（含 3 人）以上 10 人以下死亡，或者 10 人（含 10 人）以上 50 人以下重伤，或者 1000 万元（含 1000 万元）以上 5000 万元以下直接经济损失的事故；

4）一般事故，是指造成 3 人以下死亡，或者 10 人以下重伤，或者 1000 万元以下直接经济损失的事故。

（2）事故发生后，事故现场有关人员应当立即向本单位负责人报告；单位负责人接到报告后，应当于 1 小时内向事故发生地县级以上人民政府安全生产监督管理部门和负有安全生产监督管理职责的有关部门报告。

情况紧急时，事故现场有关人员可以直接向事故发生地县级以上人民政府安全生产监督管理部门和负有安全生产监督管理职责的有关部门报告。

（3）事故调查组有权向有关单位和个人了解与事故有关的情况，并要求其提供相关文件、资料，有关单位和个人不得拒绝。

事故发生单位的负责人和有关人员在事故调查期间不得擅离职守，并应当随时接受事故调查组的询问，如实提供有关情况。

事故调查中发现涉嫌犯罪的，事故调查组应当及时将有关材料或者其复印件移交司法机关处理。

3. 《特种设备安全监察条例》

（1）特种设备生产、使用单位应当建立健全特种设备安全、节能管理制度和岗位安全、节能责任制度。

特种设备生产、使用单位的主要负责人应当对本单位特种设备的安全和节能全面负责。

特种设备生产、使用单位和特种设备检验检测机构，应当接受特种设备安全监督管理部门依法进行的特种设备安全监察。

（2）特种设备出现故障或者发生异常情况，使用单位应当对其进行全面检查，消除事故隐患后，方可重新投入使用。

（3）特种设备使用单位应当对特种设备作业人员进行特种设备安全、节能教育和培训，保证特种设备作业人员具备必要的特种设备安全、节能知识。

特种设备作业人员在作业中应当严格执行特种设备的操作规程和有关的安全规章制度。

（4）特种设备作业人员在作业过程中发现事故隐患或者其他不安全因素，应当立即向现场安全管理人员和单位有关负责人报告。

第三节　建筑安全生产相关规章及规范性文件主要内容

1. 《建筑起重机械安全监督管理规定》

（1）使用单位应当履行下列安全职责：

1）根据不同施工阶段、周围环境以及季节、气候的变化，对建筑起重机械采取相应的安全防护措施；

2）制定建筑起重机械生产安全事故应急救援预案；

3）在建筑起重机械活动范围内设置明显的安全警示标志，对集中作业区做好安全防护；

4）设置相应的设备管理机构或者配备专职的设备管理人员；

5）指定专职设备管理人员、专职安全生产管理人员进行现场监督检查；

6）建筑起重机械出现故障或者发生异常情况的，立即停止使用，消除故障和事故隐患后，方可重新投入使用。

（2）使用单位应当对在用的建筑起重机械及其安全保护装置、吊具、索具等进行经常性和定期性的检查、维护和保养，并做好记录。

（3）禁止擅自在建筑起重机械上安装非原制造厂制造的标准节和附着装置。

（4）建筑起重机械特种作业人员应当遵守建筑起重机械安全操作规程和安全管理制度，在作业中有权拒绝违章指挥和强令冒险作业，有权在发生危及人身安全的紧急情况时立即停止作业或者采取必要的应急措施后撤离危险区域。

（5）建筑起重机械安装拆卸工、起重信号工、起重司机、司索工等特种作业人员应当经建设主管部门考核合格，并取得特种作业操作资格证书后，方可上岗作业。

省、自治区、直辖市人民政府建设主管部门负责组织实施建筑施工企业特种作业人员的考核。

2. 《危险性较大的分部分项工程安全管理办法》

该办法对危险性较大的分部分项工程，即房屋建筑和市政基础设施工程在施工过程中，容易导致人员群死群伤或者造成重大经济损失的分部分项工程的前期保障、专项施工方案、现场安全管理及监督管理明确了具体要求。

（1）施工单位应当在施工现场显著位置公告危大工程名称、施工时间和具体责任人员，并在危险区域设置安全警示标志。

（2）专项施工方案实施前，编制人员或者项目技术负责人应当向施工现场管理人员进行方案交底。

施工现场管理人员应当向作业人员进行安全技术交底，并由双方和项目专职安全生产管理人员共同签字确认。

（3）施工单位应当对危大工程施工作业人员进行登记，项目负责人应当在施工现场履职。

项目专职安全生产管理人员应当对专项施工方案实施情况进行现场监督，对未按照专项施工方案施工的，应当要求立即整改，并及时报告项目负责人，项目负责人应当及时组织限期整改。

施工单位应当按照规定对危大工程进行施工监测和安全巡视，发现危及人身安全的紧急情况，应当立即组织作业人员撤离危险区域。

（4）危大工程发生险情或者事故时，施工单位应当立即采取应急处置措施，并报告工程所在地住房和城乡建设主管部门。建设、勘察、设计、监理等单位应当配合施工单位开展应急抢险工作。

第四章 建筑施工安全防护基本知识

第一节 个人安全防护用品的使用

1. 安全帽

安全帽是对人的头部受坠落物及其他特定因素引起的伤害起防护作用的防护用品。由帽壳、帽衬、下颌带和帽箍等组成。

施工现场工人必须佩戴安全帽。

（1）安全帽的作用

主要是在出现以下几种情况时保护人的头部不受伤害或降低头部受伤害的程度：

1）飞来或坠落下来的物体击向头部时；

2）当作业人员从 2m 及以上的高处坠落下来时；

3）当头部有可能触电时；

4）在低矮的部位行走或作业，头部有可能碰到尖锐、坚硬的物体时。

（2）安全帽佩戴注意事项

安全帽的佩戴要符合标准，使用应符合规定。佩戴时要注意下列事项：

1）戴安全帽前应将调整带按自己头型调整到适合的位置，然后将帽内弹性带系牢。缓冲衬垫的松紧由带子调节，人的头顶和帽体内顶部的空间垂直距离一般在 25～50mm，这样才能保证当遭受到冲击时，帽体有足够的空间可供缓冲，平时也有利于头和帽体间的通风。

2）不要把安全帽歪戴，也不要把帽檐戴在脑后方，否则，会降低安全帽对于冲击的防护作用。

3）为充分发挥保护力，安全帽佩戴时必须按头围的大小调整帽箍并系紧下颌带。

4）安全帽体顶部除了在帽体内部安装了帽衬外，有的还开了小孔通风。但在使用时不要为了透气而随便再行开孔，因为这样会降低帽体的强度。

5）安全帽要定期检查。检查有没有龟裂、下凹、裂痕和磨损等情况，发现异常现象要立即更换，不准再继续使用。任何受过重击、有裂痕的安全帽，不论有无损坏现象，均应报废。

6）在现场室内作业也要戴安全帽，特别是在室内带电作业时，更要认真戴好安全帽，因为安全帽不但可以防碰撞，而且还能起到绝缘作用。

7）平时使用安全帽时应保持整洁，不能接触火源，不要任意涂刷油漆，不准当凳子坐。如果丢失或损坏，必须立即补发或更换，无安全帽一律不准进入施工现场。

2. 安全带

安全带是用于防止高处作业人员发生坠落或发生坠落后将作业人员安全悬挂的个体防护装备，主要由安全绳、缓冲器、主带、辅带等部件组成。

为了防止作业者在某个高度和位置上可能出现的坠落，作业者在登高和高处作业时，必须系挂好安全带。安全带的使用和维护有以下几点要求：

（1）高处作业施工前，应对作业人员进行安全技术教育及交底，并应配备相应的防护用品。作业人员应从思想上重视安全带的作用，作业前必须按规定要求系好安全带。

（2）安全带在使用前要检查各部位是否完好无损，所有零部件应顺滑，无材料或制造缺陷，无尖角或锋利边缘。

（3）挂点强度应满足安全带的负荷要求，挂点不是安全带的组成部分，但同安全带的使用密切相关。高处作业如无固定挂点，应采用适当强度的钢丝绳或采取其他方法悬挂。禁止挂在移动或带尖锐棱角或不牢固的物件上。

（4）高挂低用。将安全带挂在高处，人在下面工作就叫高挂低用。它可以使坠落发生时的实际冲击距离减小。与之相反的是低挂高用。因为当坠落发生时，实际冲击的距离会加大，人和绳都要受到较大的冲击负荷。所以安全带必须高挂低用，严禁低挂高用。

（5）安全带保护套要保持完好，以防绳被磨损。若发现保护套损坏或脱落，必须加上新套后再使用。

（6）安全带严禁擅自接长使用。当使用 3m 及以上的长绳时必须要加缓冲器，各部件不得任意拆除。

（7）安全带在使用后，要注意维护和保管。要经常检查安全带缝制部分和挂钩部分，必须详细检查捻线是否发生裂断和残损等。

（8）安全带不使用时要妥善保管，不可接触高温、明火、强酸、强碱或尖锐物体，不要存放在潮湿的仓库中。

（9）安全带在使用两年后应抽验一次，频繁使用应经常进行外观检查，发现异常必须立即更换。定期或抽样试验用过的安全带，不准再继续使用。

3. 防护服

建筑施工现场作业人员应穿着工作服。焊工的工作服一般为白色，其他工种的工作服没有颜色的限制。

（1）防护服的分类

建筑施工现场的防护服主要有以下几类：

1）全身防护型工作服；

2）防毒工作服；

3）耐酸工作服；

4）耐火工作服；

5）隔热工作服；

6）通气冷却工作服；

7）通水冷却工作服；

8）防射线工作服；

9）劳动防护雨衣；

10）普通工作服。

（2）防护服的穿着

施工现场对作业人员防护服的穿着要求主要有：

1）作业人员作业时必须穿着工作服；

2）操作转动机械时，袖口必须扎紧；

3）从事特殊作业的人员必须穿着特殊作业防护服；

4）焊工工作服应由白色帆布制作而成。

4. 防护鞋

防护鞋的种类比较多，应根据作业场所和内容的不同选择使用。电力建设施工现场上常用的有绝缘鞋（靴）、焊接防护鞋、耐酸碱橡胶靴及皮安全鞋等。

对绝缘鞋（靴）的要求有：

（1）必须在规定的电压范围内使用；

（2）绝缘鞋（靴）胶料部分无破损，且每半年做一次预防性试验；

（3）在浸水、油、酸、碱等条件上不得作为辅助安全用具使用。

5. 防护手套

使用防护手套时，必须对工件、设备及作业情况进行分析之后，选择适当材料制作操作方便的手套，方能起到保护作用。施工现场上常用的防护手套有下列几种：

（1）劳动保护手套。具有保护手和手臂的功能，作业人员工作时一般都使用这类手套。

（2）带电作业用绝缘手套。要根据电压选择适当的手套，检查表面有无裂痕、发黏、发脆等缺陷，如有异常禁止使用。

（3）耐酸、耐碱手套。主要用于接触酸和碱时戴的手套。

（4）橡胶耐油手套。主要用于接触矿物油、植物油及脂肪簇的各种溶剂作业时戴的手套。

（5）焊工手套。电、火焊工作业时戴的防护手套，应检查皮革或帆布表面有无僵硬、薄挡、洞眼等残缺现象，如有缺陷，不准使用。手套要有足够的长度，手腕部不能裸露在外边。

第二节　安全色与安全标志

安全色和安全标志是国家规定的两个传递安全信息的标准。尽管安全色和安全标志是一种消极的、被动的、防御性的安全警告装置，并不能消除、控制危险，不能取代其他防范安全生产事故的各种措施，但它们形象而醒目地向人们提供了禁止、警告、指令、提示等安全信息，对于预防安全生产事故的发生具有重要作用。

1. 安全色的概念

安全色，就是传递安全信息含义的颜色，包括红、蓝、黄、绿四种颜色。对比色，是使安全色更加醒目的反衬色，包括黑、白两种颜色。对比色要与安全色同时使用。

安全色适用于工业企业、交通运输、建筑、消防、仓库、医院及剧场等公共场所使用的信号和标志的表面色，不适用于灯光信号、航海、内河航运以及其他目的而使用的颜色。

2. 安全色的含义

安全色的红、蓝、黄、绿四种颜色，分别代表不同的含义。

（1）红色。表示禁止、停止、危险以及消防设备的意思。凡是禁止、停止、消防和有危险的器件或环境均应涂以红色的标记作为警示的信号。

（2）蓝色。表示指令，要求人们必须遵守的规定。

（3）黄色。表示提醒人们注意。凡是警告人们注意的器件、设备及环境都应以黄色表示。

（4）绿色。表示给人们提供允许、安全的信息。

（5）对比色与安全色同时使用。

（6）安全色与对比色的相间条纹：

红色与白色相间条纹——表示禁止人们进入危险环境。

黄色与黑色相间条纹——表示提示人们特别注意的意思。

蓝色和白色相间条纹——表示必须遵守规定的意思。

绿色和白色相间条纹——与提示标志牌同时使用，更为醒目地提示人们。

3. 安全色的使用

安全色的使用范围很广，可以使用在安全标志上，也可以直接使用在机械设备上；可以在室内使用，也可以在户外使用。如红色的，各种禁止标志；黄色的，各种警告标志；蓝色的，各种指令标志；绿色的，各种提示标志等。

安全色有规定的颜色范围，超出范围就不符合安全色的要求。颜色范围所规定的安全色是最不容易互相混淆的颜色。对比色是为了使安全色更加醒目而采用的反衬色，它的作用是提高物体颜色的对比度。

4. 安全标志的概念

安全标志是用以表达特定安全信息的标志，由图形符号、安全色、几何图形（边框）或文字构成。

安全标志适用于工矿企业、建筑工地、厂内运输和其他有必要提醒人们注意安全的场所。使用安全标志，能够引起人们对不安全因素的注意，从而达到预防事故、保证安全的目的。但是，安全标志的使用只是起到提示、提醒的作用，它不能代替安全操作规程，也不能代替其他的安全防护措施。

5. 安全标志的种类

安全标志分禁止标志、警告标志、指令标志和提示标志四大类型。

（1）禁止标志。禁止标志的含义是禁止人们不安全行为的图形标志。其基本形式是带斜杠的圆边框，采用红色作为安全色。

（2）警告标志。警告标志的基本含义是提醒人们对周围环境引起注意，以避免可能发生危险。其基本形式是正三角形边框，采用黄色作为安全色。

（3）指令标志。指令标志的含义是强制人们必须做出某种动作或采用防范措施。其基本形式是圆形边框，采用蓝色作为安全色。

（4）提示标志。提示标志的含义是向人们提供某种信息（如标明安全设施或场所等）。其基本形式是正方形边框，采用绿色作为安全色。

第三节　高处作业安全知识

1. 高处作业的基本概念

凡在坠落高度基准面 2m 及以上，有可能坠落的高处进行的作业，均称为高处作业。

2. 建筑施工高处作业常见形式及安全措施

（1）临边作业

临边作业是指在工作面边沿无围护或围护设施高度低于800mm 的高处作业，包括楼板边、楼梯段边、屋面边、阳台边及各类坑、沟、槽等边沿的高处作业。

1）进行临边作业时，应在临空一侧设置防护栏杆，并应采用密目式安全立网或工具式栏板封闭。

2）分层施工的楼梯口、楼梯平台和梯段边，应安装防护栏杆；外设楼梯口、楼梯平台和梯段边还应采用密目式安全立网封闭。

3）建筑物外围边沿处，应采用密目式安全立网进行全封闭，有外脚手架的工程，密目式安全立网应设置在脚手架外侧立杆上，并与脚手杆紧密连接；没有外脚手架的工程，应采用密目式安全立网将临边全封闭。

4）施工升降机、龙门架和井架物料提升机等各类垂直运输设备设施与建筑物间设置的通道平台两侧边，应设置防护栏杆、挡脚板，并应采用密目式安全立网或工具式栏板封闭。

5）各类垂直运输接料平台口应设置高度不低于 1.80m 的楼层防护门，并应设置防外开装置；多笼井架物料提升机通道中间，应分别设置隔离设施。

（2）洞口作业

洞口作业是指在地面、楼面、屋面和墙面等有可能使人和物料坠落，其坠落高度大于或等于2m的洞口处的高处作业。

在洞口作业时，应采取防坠落措施，并应符合下列规定：

1）当垂直洞口短边边长小于500mm时，应采取封堵措施；当垂直洞口短边边长大于或等于500mm时，应在临空一侧设置高度不小于1.2m的防护栏杆，并应采用密目式安全立网或工具式栏板封闭，设置挡脚板。

2）当非垂直洞口短边尺寸为25～500mm时，应采用承载力满足使用要求的盖板覆盖，盖板四周搁置应均衡，且应防止盖板移位。

3）当非垂直洞口短边边长为500～1500mm时，应采用专项设计盖板覆盖，并应采取固定措施。

4）当非垂直洞口短边边长大于或等于1500mm时，应在洞口作业侧设置高度不小于1.2m的防护栏杆，并应采用密目式安全立网或工具式栏板封闭；洞口应采用安全平网封闭。

5）电梯井口应设置防护门，其高度不应小于1.5m，防护门底端距地面高度不应大于50mm，并应设置挡脚板。

6）在进入电梯安装施工工序之前，井道内应每隔10m且不大于2层加设一道水平安全网。电梯井内的施工层上部，应设置隔离防护设施。

7）施工现场通道附近的洞口、坑、沟、槽、高处临边等危险作业处，除应悬挂安全警示标志外，夜间应设灯光警示。

8）边长不大于500mm洞口所加盖板，应能承受不小于$1.1kN/m^2$的荷载。

9）墙面等处落地的竖向洞口、窗台高度低于800mm的竖向洞口及框架结构在浇筑完混凝土没有砌筑墙体时的洞口，应按临边防护要求设置防护栏杆。

（3）攀登作业

攀登作业是指借助登高用具或登高设施进行的高处作业。攀登作业应注意以下事项：

1）攀登的用具，结构构造上必须牢固可靠。

2）梯子底部应坚实，并有防滑措施，不得垫高使用，梯子的上端应有固定措施。

3）单梯不得垫高使用，使用时应与水平面成 75°夹角，踏步不得缺失，其间距宜为 300mm。当梯子需接长使用时，应有可靠的连接措施，接头不得超过 1 处。连接后梯梁的强度，不应低于单梯梯梁的强度。

4）固定式直爬梯应用金属材料制成。使用直爬梯进行攀登作业时，攀登高度以 5m 为宜，超过 8m 时，应设置梯间平台。

5）上下梯子时，必须面向梯子，且不得手持器物。

（4）交叉作业

交叉作业是指垂直空间贯通状态下，可能造成人员或物体坠落，并处于坠落半径范围内、上下左右不同层面的立体作业。交叉作业时应注意以下事项：

1）各工种进行上下立体交叉作业时，不得在同一垂直方向上操作。下层作业的位置，必须处于依上层高度确定的可能坠落的半径范围之外，不符合以上条件时，应设安全防护棚。

2）钢模板、脚手架拆除时，下方不得有人施工。

3）模板拆除后，临边堆放处离楼层边沿不应小于 1m，堆放高度不得超过 1m，楼层边口、通道口、脚手架边缘等处，严禁堆放任何物件。

4）结构施工自 2 层起，凡人员进出的通道口（包括井架、施工电梯的进出通道口），均应搭设双层防护棚。

5）在建建筑物旁或在塔机吊臂回转半径范围之内的主要通道、临时设施、钢筋、木工作业区等必须搭设双层防护棚。

第五章 施工现场消防基本知识

第一节 施工现场消防知识概述及常用消防器材

1. 施工现场消防知识概述

我国消防工作实行预防为主、消防结合的方针。按照政府统一领导、部门依法监管、单位全面负责、公民积极参与的原则，实行消防安全责任制，建立健全社会化的消防工作网络。

建设工程施工现场的防火，必须遵循国家有关方针、政策，针对不同施工现场的火灾特点，立足自防自救，采取可靠防火措施，做到安全可靠、经济合理、方便适用。

燃烧的发生必须具备三个条件，即：可燃物、助燃物和着火源。因此，制止火灾发生的基本措施包括：

（1）控制可燃物，以难燃或不燃的材料代替易燃或可燃的材料。

（2）隔绝空气，使用易燃物质的生产过程应在密闭的设备中进行。

（3）消除着火源。

（4）阻止火势蔓延，在建筑物之间筑防火墙，设防火间距，防止火灾扩大。

2. 建筑施工现场消防器材的配置和使用

（1）在建工程及临时用房的下列场所应配置灭火器：

1）易燃易爆危险品存放及使用场所；

2）动火作业场所；

3）可燃材料存放、加工及使用场所；

4）厨房操作间、锅炉房、发电机房、变配电房、设备用房、办公用房、宿舍等临时用房；

5）其他具有火灾危险的场所。

（2）建筑施工现场常用灭火器及使用方法

1）泡沫灭火器。药剂：筒内装有碳酸氢钠、发沫剂、硫酸铝溶液。用途：适用于扑救油脂类、石油产品及一般固体初起的火灾；不适用于扑救忌水化学品和电气火灾。使用方法：手指堵住喷嘴，将筒体上下颠倒2次，打开开关，药剂即喷出。

2）干粉灭火器。药剂：钢筒内装有钾盐或钠盐粉，并备有盛装压缩气体的小钢瓶。用途：适用于扑救石油及其产品、可燃气体和电气设备初起的火灾。使用方法：提起筒，拔掉保险销环，干粉即可喷出。

3）二氧化碳灭火器。药剂：瓶内装有压缩或液态的二氧化碳。用途：主要适用于扑救贵重设备、档案资料、仪器仪表、600V以下的电器及油脂等火灾；禁止使用二氧化碳灭火器灭火的物品有：遇有燃烧物品中的锂、钠、钾、铯、锶、镁、铝粉等。使用方法：拔掉安全销，一手拿好喇叭筒对准火源，另一手压紧压把打开开关即可。

4）酸碱灭火器。用途：主要适用于扑救竹、木、棉、毛、草、纸等一般初起火灾，但对忌水的化学物品、电气、油类不宜使用。

（3）消火栓、消防水带、消防水枪

消火栓按安装区域分为室内、室外消火栓两种；按安装位置分为地上式与地下式消火栓两种；按消防介质分为有水和泡沫消火栓两种。消火栓应在任意时刻均处于工作状态。

1）消防水带应配相对口径的水带接口方能使用。水带接口装置于水带两端，用于水带与水带、消火栓或水枪之间的连接，以便进行输水或水和泡沫混合液，其接口为内扣式。

2）消防水枪是装在水带接口上，起射水作用的专用部件。各种水枪的接口形式均为内扣式。

3）消火栓的开关位置在其顶部，必须用专用扳手操作，其顶盖上有开关标志符。

使用时应先安好消防水带，之后打开消火栓上封盖把水带固定好，然后再打开消火栓。在使用消火栓灭火时，必须两人以上操作，当水带充满水后，一人拿枪，另一人配合移动消防水带。

第二节　施工现场消防管理制度及相关规定

施工现场的消防安全由施工单位负责。实行施工总承包的，应由总承包单位负责。分包单位向总承包单位负责，并应服从总承包单位的管理，同时应承担国家法律、法规规定的消防责任和义务。施工现场建立消防管理制度，落实消防责任制和责任人员，建立义务消防队，定期对有关人员进行消防教育，落实消防措施。

1. 施工现场消防管理制度

（1）施工单位应编制施工现场灭火及应急疏散预案。灭火及应急疏散预案应包括下列主要内容：

1）应急灭火处置机构及各级人员应急处置职责；

2）报警、接警处置的程序和通信联络的方式；

3）扑救初起火灾的程序和措施；

4）应急疏散及救援的程序和措施。

（2）施工人员进场时，施工现场的消防安全管理人员应向施工人员进行消防安全教育和培训。消防安全教育和培训应包括下列内容：

1）施工现场消防安全管理制度、防火技术方案、灭火及应急疏散预案的主要内容；

2）施工现场临时消防设施的性能及使用、维护方法；

3）扑灭初起火灾及自救逃生的知识和技能；

4）报警、接警的程序和方法。

（3）施工作业前，施工现场的施工管理人员应向作业人员进行消防安全技术交底。消防安全技术交底应包括下列主要内容：

　　1）施工过程中可能发生火灾的部位或环节；

　　2）施工过程应采取的防火措施及应配备的临时消防设施；

　　3）初起火灾的扑救方法及注意事项；

　　4）逃生方法及路线。

　　（4）施工过程中，施工现场的消防安全负责人应定期组织消防安全管理人员对施工现场的消防安全进行检查。消防安全检查应包括下列主要内容：

　　1）可燃物及易燃易爆危险品的管理是否落实；

　　2）动火作业的防火措施是否落实；

　　3）用火、用电、用气是否存在违章操作，电、气焊及保温防水施工是否执行操作规程；

　　4）临时消防设施是否完好有效；

　　5）临时消防车道及临时疏散设施是否畅通。

2. 施工现场消防管理规定

　　（1）施工现场动火作业

　　1）动火作业应办理动火许可证，动火许可证的签发人收到动火申请后，应前往现场查验并确认动火作业的防火措施落实后，再签发动火许可证；

　　2）动火操作人员应具有相应资格；

　　3）焊接、切割、烘烤或加热等动火作业前，应对作业现场的可燃物进行清理；作业现场及其附近无法移走的可燃物应采用不燃材料覆盖或隔离；

　　4）施工作业安排时，宜将动火作业安排在使用可燃建筑材料施工作业之前进行，确需在可燃建筑材料施工作业之后进行动火作业的，应采取可靠的防火保护措施；

　　5）裸露的可燃材料上严禁直接进行动火作业；

　　6）焊接、切割、烘烤或加热等动火作业应配备灭火器材，并应设置动火监护人进行现场监护，每个动火作业点均应设置1个监护人；

7）遇五级（含五级）以上风力时，应停止焊接、切割等室外动火作业，确需进行动火作业时，应采取可靠的挡风措施；

8）动火作业后，应对现场进行检查，并应在确认无火灾危险后，动火操作人员再离开。

（2）施工现场用电

1）电气线路应具有相应的绝缘强度和机械强度，禁止使用绝缘老化或失去绝缘性能的电气线路，严禁在电气线路上悬挂物品。破损、烧焦的插座、插头应及时更换；

2）电气设备与可燃、易燃易爆和腐蚀性物品应保持一定的安全距离；

3）距配电盘 2m 范围内不得堆放可燃物，5m 范围内不应设置可能产生较多易燃、易爆气体、粉尘的作业区；

4）可燃库房不应使用高热灯具，易燃易爆危险品库房内应使用防爆灯具；

5）电气设备不应超负荷运行或带故障使用。

（3）施工现场用气

1）储装气体罐瓶及其附件应合格、完好和有效；严禁使用减压器及其他附件缺损的氧气瓶，严禁使用乙炔专用减压器、回火防止器及其他附件缺损的乙炔瓶；

2）气瓶应保持直立状态，并采取防倾倒措施，乙炔瓶严禁横躺卧放；

3）严禁碰撞、敲打、抛掷、溜坡或滚动气瓶；

4）气瓶应远离火源，与火源的距离不应小于 10m，并应采取避免高温和防止暴晒的措施；

5）气瓶应分类储存，库房内应通风良好；空瓶和实瓶同库存放时，应分开放置，两者间距不应小于 1.5m；

6）瓶装气体使用前，应检查气瓶及气瓶附件的完好性，检查连接气路的气密性，并采取避免气体泄漏的措施，严禁使用已老化的橡皮气管；

7）氧气瓶与乙炔瓶的工作间距不应小于 5m，气瓶与明火作业点的距离不应小于 10m；

8）冬季使用气瓶，气瓶的瓶阀、减压阀等发生冻结时，严禁用火烘烤或用铁器敲击瓶阀，严禁猛拧减压器的调节螺栓；

9）氧气瓶内剩余气体的压力不应小于 0.1MPa，气瓶用后应及时归库。

第六章　施工现场应急救援基本知识

第一节　生产安全事故应急
救援预案管理相关知识

1. 生产安全事故应急救援预案的概念

生产安全事故应急救援预案是为了有效预防和控制可能发生的事故，最大限度减少事故及其损害而预先制定的工作方案。它是事先采取的防范措施，将可能发生的等级事故损失和不利影响减少到最低的有效方法。

2. 建筑施工企业生产安全事故应急救援预案的管理

施工单位的应急救援预案应经专家评审或者论证后，由企业主要负责人签署发布。施工项目部的安全事故应急救援预案在编制完成后报施工企业审批。

建筑工程施工期间，施工单位应当将生产安全事故应急救援预案在施工现场显著位置公示，并组织开展本单位的应急救援预案培训交底活动，使有关人员了解应急救援预案的内容，熟悉应急救援职责、应急救援程序和岗位应急救援处置方案。

建筑施工单位应当制定本单位的应急预案演练计划，根据本单位的事故预防重点，每年至少组织一次综合应急预案演练或者专项应急预案演练，每半年至少组织一次现场处置方案演练。

第二节 现场急救基本知识

1. 施工现场应急救护要点

（1）对骨伤人员的救护

1）不能随意搬动伤者，以免不正确的搬动（或移动）给伤者带来二次伤害。凡是胸、腰椎骨折者，头、颈部外伤者，不能任意搬动，尤其不能屈曲。

2）在需要搬动时，用硬板固定受伤部位后方可搬动。

3）用担架搬运时，要使伤员头部向后，以便后面抬担架的人可以随时观察其伤情变化。

（2）对眼睛伤害人员的救护

1）眼有异物时，千万不要自行用力眨眼睛，应通过药水、泪水、清水冲洗，仍不能把异物冲掉时，才能扒开眼睑，仔细小心清除眼里异物，如仍无法清除异物或伤势较重时，应立即到医院治疗。

2）当化学物质（如砌筑用的石灰膏）进入眼内，应立即用大量的清水冲洗。冲洗时要扒开眼睑，使水能直接冲洗眼睛，要反复冲洗，时间至少15min以上。在无人协助的情况下，可用一盆水，双眼浸入水中，用手扒开眼睑，做睁眼、闭眼、转动并立即到医院做必要的检查和治疗。

（3）心肺复苏术

心肺复苏术，是在建筑工地现场对呼吸心搏骤停病人给予呼吸和循环支持所采取的急救，急救措施如下：

1）畅通气道：托起患者的下颌，使病人的头向后仰，如口中有异物，应先将异物排出。

2）口对口人工呼吸：捏闭病人的鼻孔，深吸气后先连续快速向病人口内吹气4次，吹气频率约每分钟2～16次。如遇特殊情况（牙关紧闭或外伤），可采用口对鼻人工呼吸。

3）胸外心脏按压：双手放在病人胸骨的下1/3段（剑突上

两根指），有节奏地垂直向下按压胸骨干段，成人按压的深度以胸骨下陷4~5cm为宜。一般按压15次，吹气2次。

4）胸外心脏按压和口对口吹气需要交替进行。最好有两个人同时参加急救，其中一个人作口对口吹气。

（4）外伤常用止血方法

1）一般止血法：凡出血较少的伤口，可在清洗伤口后盖上一块消毒纱布，并用绷带或胶布固定即可。

2）指压止血法：可用干净的布（没有布可以用手）直接按压伤口，直到不出血为止。

3）加压包扎止血法：用纱布、棉花等垫放在伤口上，用较大的力进行包扎，并尽量抬高受伤部位。加压时力量也不可过大或扎得过紧，如以免引起受伤部位局部缺血造成坏死。

2. 建筑施工现场主要事故类型及救援常识

（1）触电事故及救援常识

1）发现有人触电时，不要直接用手去拖拉触电者，应首先迅速拉电闸断电，现场无电电闸时，使用木方等不导电的材料或用干衣服包严双手，将触电者拖离电源。

2）根据触电者的状况进行现场人工急救（如心肺复苏），并迅速向工地负责人报告或报警。

（2）火灾事故及救援常识

1）最早发现者应立即大声呼救，并根据情况立即采取正确方法灭火。当判断火势无法控制时，要迅速报警并向有关人员报告。

2）根据火灾的影响范围，迅速把无关人员疏散到指定的消防安全区。作业区发生火灾时，可采用建筑物内楼梯、外脚手架上下梯、离火灾现场较远的外施工电梯等疏散人员。不得使用离火灾现场较近的外施工电梯，严禁使用室内电梯疏散人员。

3）当火势无法控制时，要及时采取隔离火源措施，及时搬出附近的易燃易爆物以及贵重物品，防止火势蔓延到有易燃易爆物品或存放贵重物品的地点。当有可能发生气瓶爆炸或火势已无法控制且危及人员生命安全时，迅速将救火人员撤离到安全地方，等待专职消防队救援或采取其他必要措施。

4）火灾逃生自救知识原则

如果发现火势无法控制，应保持镇静，判断危险地点和安全地点，决定逃生方法和路线，尽快撤离危险地。

通过浓烟区逃生时，如无防毒面具等护具，可用湿毛巾等捂住口鼻，并尽可能贴近地面，以匍匐姿势快速前进，如有条件可向头部、身上浇冷水或用湿毛巾、湿棉被、湿毯子等将头、身裹好再冲出去。

（3）易燃易爆气体泄漏事故应急常识

1）最早发现者应立即大声呼救，并向有关人员报告或报警。根据情况立即采取正确方法施救，如尝试采取关闭阀门、堵漏洞等措施截断、控制泄漏，若无法控制，应迅速撤离。

2）在气体泄漏区内严禁使用手机、电话或启动电气设备，并禁止一切产生明火或火花的行为。

3）疏散无关人员，迅速远离危险区域，治安保卫人员要迅速建立禁区，严禁无关人员进入。同时停止附近的作业。

4）在没有安全保障措施的情况下，不要盲目行动，应等待公安消防队或其他专业救援队伍处理。

（4）发现坍塌预兆或坍塌事故应急常识

1）发现坍塌预兆时，发现者应立即大声呼唤，并停止作业，迅速疏散人员撤离现场，并向项目部报告。待险情排除，并得到有关人员同意后，方可重新进入现场作业。

2）当事故发生后，发现者应立即大声呼救，同时向有关人员报告或报警。项目部根据情况立即采取措施组织抢救，同时向上级部门报告。

3）迅速判断事故发展状态和现场情况，采取正确应急控制措施，判断清楚被掩埋人员位置，立即组织人员全力挖掘抢救。

4）在救护过程中要防止二次坍塌伤人，必要时先对危险的地方采取一定的加固措施。

5）按照有关救护知识，立即救护抢救出来的伤员，在等待医生救治或送往医院抢救过程中，不要停止和放弃施救。

（5）有毒气体中毒事故应急常识

1）最早发现者应立即大声呼救，并向有关人员报告或报警，如原因明确应立即采取正确方法施救，但决不可盲目救助。

2）迅速查明事故原因和判断事故发展状态，采取正确方法施救。

如中毒事故必须先通风或戴好防毒面具方可救人；如缺氧，则要戴好有供氧的防毒面具才可救人。

3）救出伤员后按照有关救护知识，立即救护伤员，在等待医生救治或送往医院抢救过程中，不要停止和放弃施救，如采用人工呼吸，或输氧急救等。

4）现场不具备抢救条件时，立即向社会求救。

（6）高处坠落伤害急救常识

1）坠落在地的伤员，应初步检查伤情，不得随意搬动。

2）立即呼叫"120"急救医生前来救治。

3）采取初步急救措施：止血、包扎、固定。

4）注意固定颈部、胸腰部脊椎，搬运时保持动作一致平稳，避免伤员脊柱弯曲扭动加重伤情。

3. 施工现场报警注意事项

（1）按工地写出的报警电话，进行报警。

（2）报告事故类型。说明伤情（病情、火情、案情）等，以便救护人员事先做好急救的准备。如火灾报警时要尽量说明燃烧或爆炸物质、燃烧程度、人员伤亡、发生火灾楼层等情况。

（3）说明单位（或事故地）的电话或手机号码，以便救护车（消防车、警车）随时用电话通信联系。

（4）可用几部电话或手机，由数人同时向有关救援单位报警求救，以便各个救援单位都能以最快的速度到达事故现场。

第二部分　专业基础知识

第七章　脚手架力学分析与基本识图

第一节　基　本　概　念

力是物体间相互的作用，这种作用会使物体的运动状态或形状发生改变。

要把力完全表达清楚，必须表示出力的大小、方向和作用点，这称为力的三要素。

力是矢量，既有大小又有方向，记作 F。在国际单位制中力的单位是牛顿（简称牛）或千牛顿（简称千牛），用字母 N 或 kN 表示，$1kN = 10^3 N$。

在使用脚手架时，组成它们的每个构件都会受到荷载作用，为保证正常工作，构件应具有足够的能力负担起应当承受的荷载，因此，应当满足以下条件。

1. 强度

任何构件在荷载作用下都不应发生破坏，也就是说构件必须要有足够的强度，强度就是构件在荷载作用下抵抗破坏的能力。

2. 刚度

在荷载作用下，构件虽然有足够强度而不致发生破坏，但如果产生过大的变形，也会影响正常使用。也就是说，在荷载作用下，构件的最大变形不应超过实际使用中所能容许的数值，即构件应具有一定的刚度，刚度就是构件抵抗变形的能力。

3. 稳定性

在工程实践中，脚手架中的立杆在压力作用下突然破坏，通常不是由立杆承载力不足导致，而是由立杆失稳造成的。为保证压杆正常工作，要求始终保持直线形式，也就是要求原有的直线平衡形态保持不变。所以，所谓稳定性就是指构件保持原有平衡状态的能力。

结构构件的自重、楼面上的人群或各种物品的重量、厂房中设备的重量、水压、风压、雪压等都称为荷载。作用于脚手架上的荷载分为永久荷载（恒载）与可变荷载（活载）。

1. 永久荷载

（1）作业脚手架永久荷载

1）脚手架结构自重：包括钢管、大横杆、小横杆、扣件、门架、交叉支撑、连接件、水平加固杆、交叉支撑等。

2）构配件自重：包括脚手板、栏杆、挡脚板、安全网等防护设施的自重。

（2）模板支架永久荷载

1）支架构配件及模板自重：包括架体、围护、模板及模板支撑梁等自重。

2）新浇钢筋混凝土自重：包括钢筋及混凝土自重。

2. 可变荷载

作用于脚手架或模板支架上的可变荷载一般包括：

（1）施工荷载：包括作业层上的施工人员、机具、材料、混凝土振捣等荷载。

（2）风荷载：在脚手架受力计算时一般不考虑雪荷载、地震作用等其他活荷载。

第二节　脚手架受力分析

脚手架是由各受力杆件组成的力学框架结构，如在扣件式钢管脚手架中，横向水平杆、纵向水平杆和立杆组成了荷载的承载框架，剪刀撑和连墙件主要是保证脚手架的整体刚度和稳定性，增加抵抗垂直力和水平力作用的能力。其荷载传递路线包括竖向荷载传递路线及水平荷载传递路线。竖向荷载传递路线如下：脚手板→纵向水平杆→横向水平杆→扣件→立杆→垫板、底座→地基。水平荷载传递路线如下：立杆→扣件→连墙件→墙体，各部件基本受力情况如下：

1. 垫板、底座

垫板与底座使原有的集中力转变为分布力，将立杆传来的荷载传给地基，属受冲剪配件。

2. 立杆

立杆主要承受压力，同时亦是受弯构件，是组成脚手架的主体构件。

3. 扫地杆

为了防止立杆在受偏心力矩的作用下底部发生位移，同时减少由于脚手架基础出现不均匀的沉降，而造成外架倾斜，要求设置纵横向扫地杆，其主要承受拉力和压力。

4. 纵向水平杆

为防止脚手架在受压后或在水平力作用下发生倾覆，要求设置纵向水平杆，其是组成脚手架的主体构件，是受拉、受弯杆件。

5. 横向水平杆

横向水平杆是脚手架直接承受和传递垂直荷载的重要部分，是脚手架受力和传力的主体，在脚手架受力分析中，横向水平杆是受弯构件。

6. 剪刀撑

剪刀撑主要承受拉力和压力，通过旋转扣件的抗滑力将力传递给连接的立杆或横向水平杆。

7. 连墙件

连墙件将脚手架承受的风荷载和其他水平荷载有效地传递到主体结构上，同时限制脚手架的竖向自由变形。连墙件在承受拉力、压力的同时又要承受拉结点自身的扭力及在撑或拉的作用力下产生相对于主结点处的弯矩作用。

8. 防护栏杆

防护栏杆主要是受弯、受拉杆件，通过与立杆连接的扣件将所承受的水平力传递到立杆上。

第三节 脚手架图纸识读方法

施工图纸是脚手架工程专项施工方案中的一项主要内容，主要包括架体平面图、立面图、剖面图、基础图、拉结点设置及构造详图等，如图 7-1 所示。

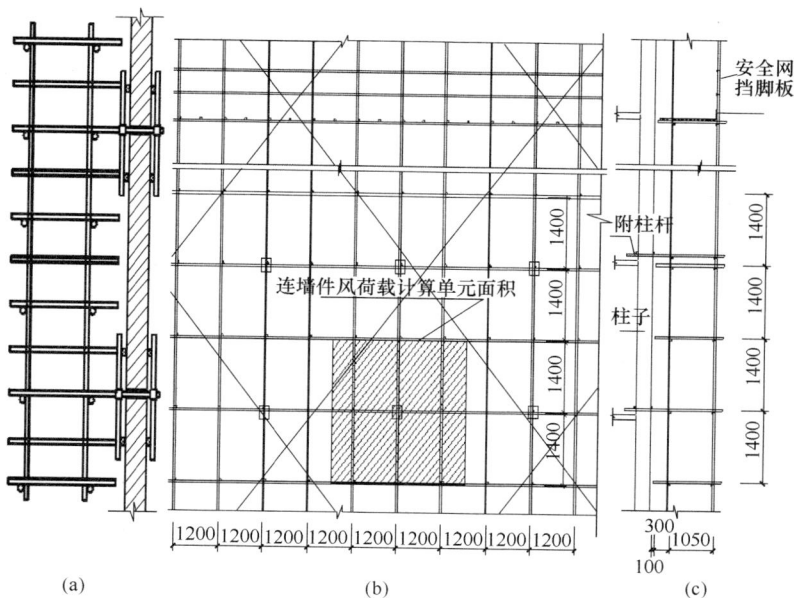

图 7-1 脚手架平、立、剖面图
(a) 双排脚手架连墙件布置平面图；(b) 双排脚手架连墙件布置立面图；
(c) 双排脚手架连墙件布置剖面图

脚手架施工图识图主要包括以下步骤：根据脚手架专项施工方案，首先了解架体的搭设位置、类型、搭设高度、主要构配件等基本技术要求；识读架体平面图、立面图，掌握架体整体构造情况，如立杆、水平杆的间距和步距、连墙件设置、剪刀撑设置等，再者，阅读架体剖面图和节点详图，掌握关键节点的详细构造和具体做法，如连墙件的拉结形式、剪刀撑的接长和门洞的搭设等；最后，根据专项施工方案和图纸文字说明，了解脚手板、安全网、警示标志等其他技术要求。

第八章　脚手架基础知识

脚手架又称架子，是施工中不可缺少的重要设施，是为保证高处作业安全、顺利进行施工而搭设的工作平台或作业通道。脚手架在混凝土工程、砌筑工程、钢结构工程、装修工程中有着广泛的作用。

第一节　脚手架概述

我国在1949年前和20世纪50年代初期，脚手架都采用竹或木材搭设。20世纪60年代起开始推广扣件式钢管脚手架。目前，随着建筑市场的日益成熟和完善，竹木式脚手架已逐步被淘汰出建筑市场，只在一些外防护中仍在使用。20世纪80年代初，我国先后从国外引进门式、碗扣式等多种形式脚手架。门式脚手架在国内许多工程中也曾大量使用过，取得了较好的效果，但由于门式脚手架的产品质量问题，这种脚手架并没有得到大量推广应用。碗扣式脚手架是推广应用最多的一种脚手架，但使用面积相对扣件式钢管脚手架来说还不够广泛，只在房屋建筑工程内支撑和桥梁支撑领域应用较多。普通扣件式钢管脚手架因其具有拆装灵活、搬运方便、通用性强、价格便宜等特点，在我国应用十分广泛，其使用量占70%以上，截至目前也是使用量最多最广泛的脚手架。

20世纪90年代以来，国内一些企业不断引进国外先进技术，研制和开发了多种新型脚手架系统，如轮扣式脚手架、方塔式脚手架、插销式脚手架以及各种类型的爬架。2015年以来，盘扣式脚手架市场规模越来越大，逐步进入人们的视野。由于其具有安全、美观、省材料、工效高、施工速度快等特点，逐步得到了施工单位一致认可，盘扣式脚手架被作为重点产品进行推广使用。尤其是在高支模等危险性较大的模架支撑领域，应用最为广泛。

脚手架是由杆件或结构单元、配件通过可靠连接而组成，能承受相应荷载，具有安全防护功能，可为建筑施工提供作业条件的结构架体，包括作业脚手架、支撑脚手架。作业脚手架又包括结构作业脚手架和装修作业脚手架。

1. 作业脚手架的作用

主要作用包括以下几方面：

（1）为操作人员提供可靠的作业平台。

（2）临时堆放建筑材料，放置简单施工工具。

（3）进行短距离的水平运输。

（4）挂设安全网，防止高处坠落和高处坠物。

2. 作业脚手架种类

（1）按脚手架的材料分为木脚手架、竹脚手架、钢管或金属脚手架。其中，钢管脚手架又可分为扣件式、碗扣式、门式、承插式、轮扣式等。

（2）按搭设位置分为外脚手架和里脚手架。

（3）按构架方式分为杆件组合式脚手架（俗称多立杆式脚手架）、框架组合式脚手架、格构件组合式脚手架和台架等。

（4）按架体封闭程度分为开口形脚手架、一字形脚手架和封圈形脚手架等。

（5）按设置形式分为单排脚手架、双排脚手架、多排脚手架、满堂脚手架和特型脚手架等。

（6）按支固方式分为落地式脚手架、悬挑式脚手架、附墙悬挂脚手架、悬吊脚手架、附着升降脚手架和水平移动脚手架等。

3. 作业脚手架基本要求

（1）满足施工的需要：要有足够的作业面（适当的宽度、步高、离墙距离等），以满足施工人员操作、材料堆放和运输及安全围护的需要。

（2）构架稳定、承载可靠、使用安全：要有足够的强度、刚度和稳定性，施工期间，在规定的允许荷载作用下，应保证脚手架稳定不变形、不倾斜、不摇晃、不失稳，可确保安全。

4. 脚手架常用术语

（1）木脚手架：采用木杆件搭设的脚手架。

（2）竹脚手架：采用成熟竹竿搭设的脚手架。

（3）外脚手架：在建筑物外围所搭设的脚手架。

（4）里脚手架：是沿室内墙面搭设的脚手架。

（5）金属脚手架：采用金属材料制作、组装的脚手架。

（6）单排脚手架：只有一排立杆，横向水平杆的一端搁置在墙体上的脚手架。

（7）双排脚手架：由内外两排立杆和水平杆等构成的脚手架。

（8）结构脚手架：用于砌筑和结构工程施工作业的脚手架。

（9）装修脚手架：用于装修工程施工作业的脚手架。

（10）敞开式脚手架：仅设有作业层栏杆和挡脚板，无其他遮挡设施的脚手架。

（11）全封闭式脚手架：用密目网、钢丝网等材料将脚手架外侧立面全部遮挡封闭的脚手架。

（12）开口形脚手架：沿建筑周边非交圈设置的脚手架。

（13）一字形脚手架：沿建筑周边非交圈设置，且呈直线形的脚手架。

（14）封圈形脚手架：沿建筑周边交圈设置的脚手架。

（15）扣件式钢管脚手架：采用扣件连接的钢管脚手架。

（16）碗扣式钢管脚手架：采用碗扣方式连接的钢管脚手架。

（17）门式钢管脚手架：采用专用门式构件搭设的钢管脚手架。

（18）承插式钢管脚手架：采用承插连接的钢管脚手架。

（19）落地式脚手架：架体底部直接落于地面、楼面、屋面或其他可靠工程结构台面上的脚手架。

（20）悬挑式脚手架：卸荷于附着在建筑结构的刚性悬挑梁或架体上的脚手架。

（21）满堂脚手架：按施工作业和平面满布设置的多排脚手架。

（22）整体提升脚手架：采用整体一起升降的附着升降脚手架。

第二节　专项施工方案

根据《危险性较大的分部分项工程安全管理规定》（住房城乡建设部令第 37 号）的有关要求，在危险性较大的分部分项工程施工前，施工单位应当组织工程技术人员编制专项施工方案。对于超过一定规模的危险性较大的分部分项工程，施工单位应当组织召开专家论证会对专项施工方案进行论证。

1. 危险性较大的分部分项工程范围

（1）危险性较大的作业脚手架工程范围如下：

1）搭设高度 24m 及以上的落地式钢管脚手架工程（包括采光井、电梯井脚手架）。

2）悬挑式脚手架工程。

3）卸料平台、操作平台工程。

4）异型脚手架工程。

（2）危险性较大的模板支撑工程范围如下：

1）搭设高度 5m 及以上，或搭设跨度 10m 及以上，或施工总荷载（设计值）10kN/m² 及以上，或集中线荷载（设计值）15kN/m 及以上，或高度大于支撑水平投影宽度且相对独立无联系构件的混凝土模板支撑工程。

2）用于钢结构安装等满堂支撑体系。

2. 超过一定规模的危险性较大的分部分项工程范围

（1）超过一定规模的危险性较大的作业脚手架工程范围

如下：

1）搭设高度 50m 及以上的落地式钢管脚手架工程。

2）分段架体搭设高度 20m 及以上的悬挑式脚手架工程。

（2）超过一定规模的危险性较大的模板支撑工程范围如下：

1）搭设高度 8m 及以上，或搭设跨度 18m 及以上，或施工总荷载（设计值）15kN/m² 及以上，或集中线荷载（设计值）20kN/m 及以上。

2）用于钢结构安装等满堂支撑体系，承受单点集中荷载 7kN 及以上。

3．方案内容

实行施工总承包的，脚手架工程专项施工方案应当由施工总承包单位组织编制。实行分包的，专项施工方案可以由相关专业分包单位组织编制。专项施工方案应根据工程建设标准和勘察设计文件，结合工程项目和分部分项工程的具体特点编制，方案应包括以下主要内容：

（1）工程概况：脚手架工程概况和特点、施工平面布置、施工要求和技术保证条件。

（2）编制依据：相关法律、法规、规范性文件、标准、规范及施工图设计文件、施工组织设计等。

（3）施工计划：包括施工进度计划、材料与设备计划。

（4）施工工艺技术：技术参数、工艺流程、施工方法、操作要求、检查要求等。

（5）施工安全保证措施：组织保障措施、技术措施、监测监控措施等。

（6）施工管理及作业人员配备和分工：施工管理人员、专职安全生产管理人员、特种作业人员、其他作业人员等。

（7）验收要求：验收标准、验收程序、验收内容、验收人员等。

（8）应急处置措施。

（9）计算书及相关施工图纸。

4. 方案审批

专项施工方案编制完成后，应当由施工单位技术负责人审核签字、加盖单位公章，并由总监理工程师审查签字、加盖执业印章后方可实施。实行分包并由分包单位编制专项施工方案的，专项施工方案应当由总承包单位技术负责人及分包单位技术负责人共同审核签字并加盖单位公章。

对于超过一定规模的脚手架工程，施工单位应当组织召开专家论证会对专项施工方案进行论证。实行施工总承包的，由施工总承包单位组织召开专家论证会。

专项施工方案经论证需修改后通过的，施工单位应当根据论证报告修改完善后，重新履行施工单位和监理单位审核、审查、签字、盖章程序。专项施工方案经论证不通过的，施工单位修改后应当重新组织专家论证。

5. 安全技术交底

专项施工方案实施前，编制人员或者项目技术负责人应当向施工现场管理人员进行方案交底。施工现场管理人员应当向作业人员进行安全技术交底，并由双方和项目专职安全生产管理人员共同签字确认。

安全技术交底的主要内容包括以下几方面：

（1）工程项目和分部分项工程的概况。

（2）脚手架的搭设、构造要求，检查验收标准。

（3）施工过程的危险部位和环节及可能导致生产安全事故的因素。

（4）针对危险部位、危险环节及危险因素采取的具体预防措施。

（5）作业人员应遵守的安全操作规定及应注意的事项。

（6）作业人员发现事故隐患应采取的措施。

（7）发生事故后应及时采取的应急措施。

6. 方案实施

（1）脚手架和模板支架的搭设和拆除，应当严格按照专项施工方案组织施工，不得擅自修改专项施工方案。因规划调整、设计变更等原因确需调整的，修改后的专项施工方案应当按照规定重新审核和论证。

施工单位应当对危险性较大的脚手架工程施工作业人员进行登记，项目负责人应当在施工现场履职。项目专职安全生产管理人员应当对专项施工方案实施情况进行现场监督，对未按照专项施工方案施工的，应当要求立即整改，并及时报告项目负责人，项目负责人应当及时组织限期整改。

施工单位应当按照规定对危险性较大的脚手架工程进行施工监测和安全巡视，发现危及人身安全的紧急情况，应当立即组织作业人员撤离危险区域。

（2）对于按照规定需要验收的危险性较大的脚手架工程，施工单位、监理单位应当组织相关人员进行验收。验收合格的，经施工单位项目技术负责人及总监理工程师签字确认后，方可进入下一道工序。

验收合格后，施工单位应当在施工现场明显位置设置验收标识牌，公示验收时间及责任人。

第三节　安　全　网

用来防止人、物坠落，或用来避免、减轻坠落及物体伤害的网具，称为安全网。安全网一般由网体、边绳、系绳等组成。建筑施工现场常用的安全网主要有安全平网和密目式安全立网，安全平网常用于水平面防护，密目式安全立网主要用于立面的防护。

1. 安全平网

（1）技术要求。安全平网可采用锦纶、维纶、涤纶或其他材料制成，其物理性能、耐候性应符合《安全网》GB 5725 的规定。单张网的质量不宜超过 15kg，网上所用的网绳、边绳、系绳、筋绳均应由不小于 3 股单绳制成。绳头部分应经过编花、燎烫等处理，不应散开。平网宽度不应小于 3m，其规格尺寸与其标称规格尺寸的允许偏差为±4%。

（2）安全平网的挂设。挂设安全平网应外高里低，与水平面成 15°角，网片不要绷紧，网片之间应将系绳连接牢固，不留空隙。

1）首层网。距地面第一道网称为首层网。当脚手架搭设高度达到 3m 时，应沿建筑物四周在架体内架设首层安全平网。首层网架设的宽度根据建筑的防护高度和脚手架形式而定，当建筑总高度较高时，应增大搭设宽度，以加大保护范围。在烟囱、水塔等较高构筑物施工时，首层网应采用双层网，以加大防护高度，增加抗冲击能力。首层网在建筑工程主体及装修的整个施工期间不能拆除。

2）随层网。随施工作业层逐层上升，在作业层脚手板下面搭设的平网称为随层网，主要用于作业层人员的保护。当脚手架外立面采用立网全封闭时，也可不搭设随层网，但作业层脚手板要满铺。

3）层间网。在首层网与随层网之间搭设的平网称为层间网。当建筑物层数较多，而且脚手架施工作业离地面较高时，需要自首层网开始，每隔 3～4 层（间隔小于 10m）设置一道层间安全平网。

2. 密目式安全立网

（1）一般要求。缝线不应有跳针、漏缝，缝边应均匀；每张密目网允许有一个缝接，缝接部位应端正牢固；网体上不应有断纱、破洞、变形及有碍使用的编织缺陷；密目网各边缘部位的开眼环扣应牢固可靠；密目网的宽度一般为 1.2～2m，长度最低不应小于 2m；开眼环扣孔径不应小于 8mm。

（2）密目式安全立网的挂设

1）对有外脚手架的工程，包括落地架和悬挑架，应采用密目式安全立网全封闭。密目网应设置在脚手架外侧立杆上，并与脚手杆紧密连接。

2）密目式安全网搭设时，每个开眼环扣应穿入系绳，系绳应绑扎在支撑架上，间距不得大于450mm。

3）挂设密目式安全立网必须拉紧、拉直，相邻密目网间应紧密结合或重叠。

4）当栏杆和挡脚板外侧安装立网时，立网应与栏杆、挡脚板同时搭设。

3. 安全网挂设的注意事项

（1）安全网的搭设和拆除必须由持有效执业资格证书的架子工进行。

（2）安全网挂设前，应进行进场验收，对网具进行检验，确认合格后方可使用。

（3）安全网搭设应绑扎牢固、网间严密、外观整齐。建筑物的转角处、阳台口和平面形状突出的部位，安全网要整体连接，不得中断。

（4）安全网的支撑架应有足够的强度和稳定性。

（5）密目网边缘与作业人员工作面应贴紧密合。

（6）绑扎固定安全网的系绳应使用与安全网材料一致的系绳，严禁使用细钢丝等绑扎丝替代。

（7）采用安全平网防护时，严禁使用密目式安全立网代替平网使用。

（8）安装后安全网应经专人检验后，方可使用。

4. 安全网的拆除

（1）拆除安全网时，必须待防护区域内无坠落可能的作业时，方可拆除。

（2）拆除时要根据现场条件采取防坠落措施，并应在有关人员监督下进行拆除。

（3）因特殊原因需要临时拆除的，拆除后要有补救措施或在重新架网前不得作业。

（4）拆除安全网应自上而下依次进行。

第四节　建筑架子工的常用工具

扳手是一种旋紧或拧松有角螺栓、螺钉、螺母、螺丝钉或螺母的开口或套孔固件的手工工具，扳手是架子工在作业时常用到的工具。常用的扳手类型主要有活动扳手、固定扳手、电动扳手、扭力扳手等。

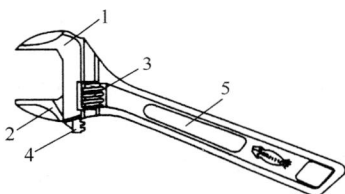

图 8-1　活动扳手
1—呆扳唇；2—活扳唇；3—蜗轮；
4—轴销；5—手柄

1. 活动扳手

活动扳手也称活络扳手、活扳手，由呆扳唇、活扳唇、蜗轮、轴销和手柄组成，如图 8-1 所示。常用 250mm、300mm 两种规格，使用时应根据螺母的大小选配。

2. 电动扳手

电动扳手是以电源或电池为动力的扳手，是一种拧紧和旋松螺栓及螺母的电动工具，具有操作方便、省时省力、工作可靠的特点。

3. 其他常用扳手

（1）两用扳手：一端与单头呆扳手相同，另一端与梅花扳手相同，两端拧转相同规格的螺栓或螺母。

（2）梅花扳手：两端具有带六角孔或十二角孔的工作端，它只要转过 30°，就可改变扳动方向，适用于工作空间狭小的场合。

（3）扭力扳手：又叫力矩扳手、扭矩扳手、扭矩可调扳手等。扭力扳手可分为定值式和预置式，定值式扭力扳手在拧转螺栓或螺母时，能显出所施加的扭矩；当施加的扭矩到达规定值后，预置式扭力扳手会发出光或声响信号。扭力扳手适用于对扭矩有明确规定的装配工作。

其他常用扳手如图 8-2 所示。

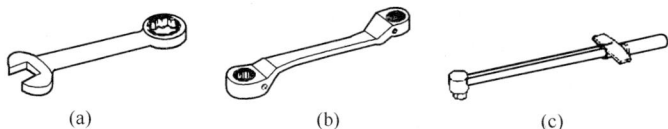

图 8-2 其他常用扳手

（a）两用扳手；（b）梅花扳手；（c）扭力扳手

4. 其他常用工具

（1）钎子：主要在作业脚手板的固定时，用于铁丝的拧紧。

（2）榔头：用于搭设碗扣式、承插式钢管脚手架时杆件连接紧固。

（3）钢丝钳、钢丝剪、斩斧：用于拧紧、剪断铁丝和钢丝。

（4）撬杠：用于移动物体和矫正构件、拆除模板、起拔钉子等。

第五节 安 全 管 理

1. 持证上岗

架子工是指从事脚手架的搭设、维护、拆除等施工的作业人员。架子工属于特种作业人员，应年满 18 周岁，身体健康，具有初中以上文化程度，接受专门安全操作知识培训，经建设主管部门考核合格，取得《建筑施工特种作业操作资格证书》，方可在建筑施工现场从事作业脚手架、模板支架、外电防护架、卸料平台、洞口临边等安全防护设施的登高架设、维护、拆除作业。建筑架子工应当遵守以下规定：

（1）架子工应当受聘于建筑施工企业，方可从事脚手架特种作业。

（2）首次取得资格证书的人员实习操作不得少于三个月，否则，不得独立上岗作业。

（3）每年应当参加不少于 24 学时的安全教育培训或者继续教育。

（4）每年必须进行一次身体检查，没有色盲、听觉障碍、心脏病、梅尼埃病、癫痫、眩晕、突发性昏厥、断指等妨碍作业的疾病和缺陷。

（5）资格证书每两年应进行一次延期复核。

2. 安全操作规程

脚手架搭设和使用，必须严格执行有关安全技术规范。

（1）架子工作业要正确使用个人劳动防护用品。搭拆脚手架时，操作人员必须戴安全帽、系安全带、穿防滑鞋，佩戴手套。

（2）搭设脚手架前严格检查所使用的工具以及脚手架钢管、扣件等材料和构配件的质量，严禁使用不合格材料搭设脚手架，以防发生意外事故。

（3）脚手架搭拆作业前，应对操作人员进行安全技术交底。属于危险性较大的分部分项工程范围的脚手架，必须编制专项施工方案，对于超过一定规模的脚手架工程，应当组织专家对专项施工方案进行论证。

（4）当有六级强风及以上风、浓雾、雨或雪天气时应停止脚手架搭设与拆除作业。雨、雪后上架作业应有防滑措施，并应扫除积雪。

（5）脚手架搭拆作业时，工具、材料的上下须用工具袋、绳索传递，不要乱放材料及工具，不得抛掷物料，以免造成坠落伤人。

（6）严禁将支撑脚手架、缆风绳、混凝土输送泵管、卸料平台等固定在架体上。严禁在脚手架上悬挂起重设备。

（7）临街搭设脚手架时，外侧应有防止坠物伤人的防护措施。

（8）严禁任意在脚手架基础及邻近进行挖掘作业，否则应采取安全措施，并报主管部门批准。

（9）严禁酒后搭拆脚手架。

（10）搭拆脚手架时，地面应设围栏和警戒标志，并派专人指挥、看守，严禁非操作人员入内。

第九章 门式钢管脚手架

门式钢管脚手架主要部件包括门式框架、交叉支撑和水平梁架等，门架立杆的竖直方向采用连接棒和锁臂接高，纵向使用交叉支撑连接门架立杆，在架顶水平面使用挂扣式脚手板连接水平梁架。这些基本组合单元相互连接，逐层叠高，左右伸展，再设置水平加固杆、剪刀撑及连接件等，构成整体门式脚手架。门式钢管脚手架不仅可作为内外作业脚手架，也可作为模板支架。门式钢管脚手架基本单元如图 9-1 所示。

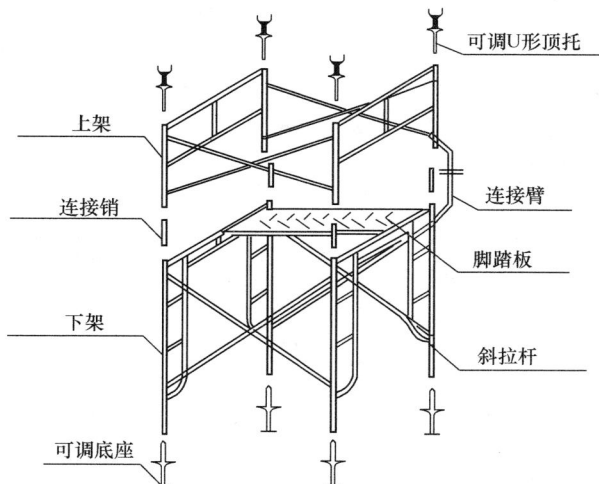

图 9-1 门式钢管脚手架基本单元

第一节 门式钢管脚手架构配件及构造

门式钢管脚手架是一种标准化钢管脚手架，绝大部分部件由工厂定型生产，使用其他部件难以替代。

1. 主要构配件

门式钢管脚手架由门式框架、剪刀撑和水平梁架或脚手板等构成基本单元，将基本单元连接起来即构成整片脚手架。

门式钢管脚手架其他构件：包括交叉支撑、水平架、挂扣式脚手板、底座与托撑以及连接棒、锁臂等。

（1）门架

门架是门式脚手架的主要构件，其受力杆件为焊接钢管，由立杆、横杆及加强杆等相互焊接组成，如图9-2所示。

（2）交叉支撑

交叉支撑是每两相门架纵向连接的交叉拉杆，两根交叉拉杆可以围绕中间连接螺栓转动，杆的两端有销孔，如图9-3（a）所示。

（3）水平架

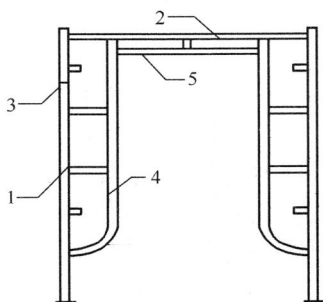

图 9-2　门架

1—立杆；2—横杆；3—锁销；4—立杆加强杆；5—横杆加强杆

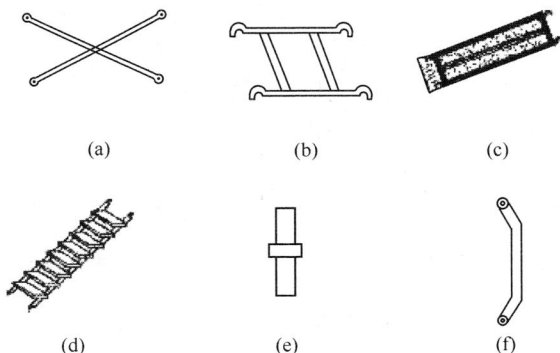

(a)　　　　　　　(b)　　　　　　　(c)

(d)　　　　　　　(e)　　　　　　　(f)

图 9-3　门架主要配件

（a）交叉撑；（b）水平架；（c）钢脚手板；（d）钢爬梯；

（e）连接棒；（f）锁臂

水平架是在脚手架非作业层上代替脚手板挂扣在门架横杆上的水平构件，由横杆、短杆和搭钩焊接而成，可与门架横杆自锚连接，如图9-3（b）所示。

（4）挂扣式脚手板

脚手板一般为钢脚手板，其两端带有挂扣，搁置在门架的横梁上并扣紧，如图9-3（c）所示。

（5）钢爬梯

钢爬梯为设有踏步的斜梯，分别挂扣在上下两层门架的横梁上，如图9-3（d）所示。钢梯踏板的厚度不应小于1.2mm，并具有防滑功能，搭钩厚度不应小于7mm。

（6）连接棒

连接棒是用于门架立杆竖向组装的连接件，由中间带有凸环的短钢管制成，如图9-3（e）所示。

（7）锁臂

锁臂为门架立杆组装接头处的拉结件，其两端有圆孔挂于上下栅门架的锁销上，如图9-3（f）所示。

（8）底座与托座

1）底座安装在门架立杆下端，将力传给基础的构件，分为可调底座和固定底座。如图9-4（a）、图9-4（b）所示。

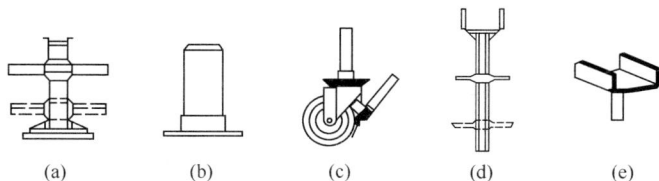

图9-4 底座与托撑

（a）可调底座；（b）固定底座；（c）脚轮底座；（d）可调托撑；（e）固定托撑

① 可调底座由螺杆、调节扳手和底座组成。可以调节脚手架立杆的高度和脚手架整体的水平度、垂直度。能适应不平整地面，可用其将各门架顶部调节到同一水平面上。

②固定底座由底板和套管两部分焊接而成，只起支承作用，无调节高低功能，使用它时要求地面平整。

2）托撑插放在门架立杆上边，承接上部荷载的构件，分为可调托座和固定托座。如图 9-4（d）、图 9-4（e）所示。

3）底座、托撑及其可调螺母应采用可锻铸铁或铸钢制作。

2. 门式钢管脚手架构造

门式钢管脚手架基本构造如图 9-5 所示。

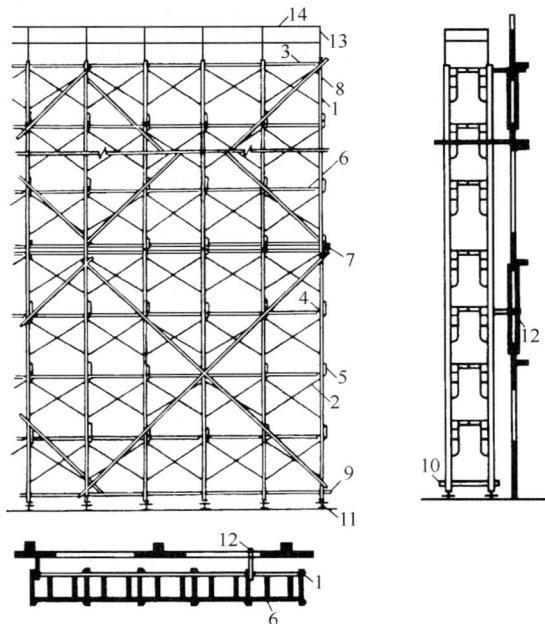

图 9-5　门式钢管脚手架基本构造

1—门架；2—交叉支撑；3—挂扣式脚手板；4—连接棒；

5—锁臂；6—水平架；7—水平加固杆；8—剪刀撑；

9—扫地杆；10—封口杆；11—底座；12—连墙件；

13—栏杆；14—扶手

（1）门架

1）底部门架的立杆应当放置在底座上。

2）门架的跨距应与交叉支撑的规格配合。

3）上下榀门架立杆应在同一轴线位置上，门架立杆轴线的对接偏差不应大于2mm。

4）脚手架的内侧立杆离墙面净距不宜大于150mm；当大于150mm时，应采取内设挑架板或其他隔离防护的安全措施。

5）脚手架顶端栏杆宜高出女儿墙上端或檐口上端1.5m。

（2）门架配件

1）配件应与门架配套使用，并应与门架连接可靠。

2）门架的两侧应设置交叉支撑，并与门架立杆上的锁销锁牢。

3）上下榀门架的组装必须设置连接棒，连接棒与门架立杆配合间隙不应大于2mm。

4）门式脚手架上下榀门架间应设置锁臂。但当采用插销式或弹销式连接棒时，可不设锁臂。

5）脚手架作业层应连续满铺挂扣式脚手板，并应与门架的横梁扣紧，防止脚手板松动或脱落。同时为加强脚手架刚度，还应每隔3～5层设置一层脚手板。

6）底部门架的立杆下端宜设置固定底座或可调底座。可调底座和可调托座的调节螺杆直径不应小于35mm，可调底座的调节螺杆伸出长度不应大于200mm。

7）作业人员上下脚手架的斜梯应采用挂扣式钢梯，并宜采用"之"字形设置，一个梯段宜跨越两步或三步门架再行转折；钢梯应设栏杆扶手和挡脚板。

（3）连墙件

1）连墙件的设置位置、数量应按专项施工方案确定。数量的设置除应满足计算要求外，还应符合表9-1的规定。

2）连墙件的布置应符合下列要求：

① 在门式脚手架的转角处或开口型脚手架端部，必须增设连墙件，连墙件的垂直间距不应大于建筑物的层高，且不应大于4.0m。

连墙件最大间距或最大覆盖面积　　　　表 9-1

序号	脚手架搭设方式	脚手架高度（m）	连墙件间距(m)		每根连墙件覆盖面积(m²)
			竖向	水平	
1	落地、密目式安全网封闭	≤40	3h	3l	≤40
2			2h	3l	≤27
3		>40			
4	悬挑、密目式安全网封闭	≤40	3h	3l	≤40
5		40～60	2h	3l	≤27
6		>60	2h	2l	≤20

注：表中 h 为步距，l 为跨距。

② 在脚手架外侧因设置防护棚或安全网而承受偏心荷载的部位，应增设连墙件，其水平间距不应大于 4.0m。另外，在转角处应适当增加连墙件的布设密度。

③ 连墙件应能承受拉力与压力，其承载力标准不应小于 10kN。

④ 连墙件与门架、建筑物的连接应具有相应的连接强度。

⑤ 连墙件应靠近门架的横杆设置，距门架横杆不宜大于 200mm，并应固定在门架的立杆上。

⑥ 连墙件宜水平设置，当不能水平设置时，与脚手架连接的一端，应低于与建筑结构连接的一端。

（4）加固件

门式脚手架的加固件主要包括剪刀撑和水平加固杆。

1）剪刀撑

剪刀撑的设置如图 9-6 所示，设置应符合下列要求：

① 当门式脚手架搭设高度在 24m 及以下时，在脚手架的转角处、两端及中间间隔不超过 15m 的外侧立面必须各设置一道剪刀撑，并应由底至顶连续设置。

② 当脚手架搭设高度超过 24m 时，必须在脚手架全外侧立面上设置连续剪刀撑。

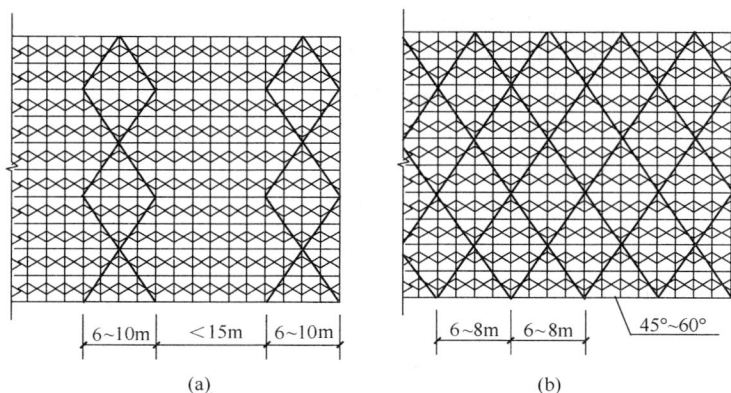

图 9-6　剪刀撑设置示意图

（a）脚手架搭设高度 24m 及以下剪刀撑设置；

（b）脚手架搭设高度超过 24m 时剪刀撑设置

③ 对于悬挑脚手架，必须在脚手架全外侧立面上设置连续剪刀撑。

④ 剪刀撑斜杆与地面的倾角宜为 45°～60°。

⑤ 剪刀撑斜杆应采用搭接接长。

⑥ 每道剪刀撑的宽度不应大于 6 个跨距，且不应大于 10m；也不应小于 4 个跨距，且不应小于 6m，设置连续剪刀撑的斜杆水平间距宜为 6～8m。

2）水平加固杆

由于门式脚手架中上下门架采用连接棒进行连接，水平杆件用搭扣连接，斜杆用锁销连接，这些连接方式的紧固性差，使得脚手架整体刚度较差，极易发生失稳，因此需在架体层间门架两侧的立杆上设置水平加固杆。水平加固杆设置应符合下列要求：

① 在脚手架顶层、连墙件设置层必须设置。

② 当脚手架搭设高度 $H \leqslant 40$m 时，至少每两步门架应设置一道；当脚手架搭设高度 $H > 40$m 时，每步门架应设置一道；

悬挑脚手架每步门架均应设置一道。

③ 当脚手架每步铺设挂扣式脚手板时，至少每 4 步应设置一道，并宜在有连墙件的水平层设置。

④ 在脚手架的转角处、开口型脚手架端部的两个跨距内，每步门架应设置一道。

⑤ 纵向水平加固杆应连续设置，并形成水平闭合圈。

3）扫地杆

① 脚手架的底层门架下端应设置纵、横向通长的扫地杆。

② 纵向扫地杆应固定在距门架立杆底端不大于 200mm 处的门架立杆上，横向扫地杆宜固定在紧靠纵向扫地杆下方的门架立杆上。

（5）转角处门架连接

1）在建筑物的转角处，门式脚手架内、外两侧立杆应按步设置水平连接杆、斜撑杆，将转角处的两榀门架连成一体，如图 9-7 所示。

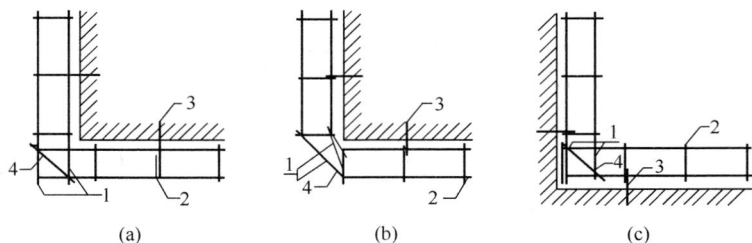

图 9-7　转角处脚手架连接

（a）、（b）阳角转角处脚手架连接；（c）阴角转角处脚手架连接；
1—连接杆；2—门架；3—连墙件；4—斜撑杆

2）连接杆、斜撑杆应采用钢管，其规格应与水平加固杆相同。

3）连接杆、斜撑杆应采用扣件与门架立杆水平加固扣紧。

（6）门洞

1）通道口门洞高度不宜大于 2 个门架高，宽度不宜大于 1

个门架跨距，通道口应采取加固措施。

2）通道口的加固措施应符合下列要求：

① 当洞口宽度为 1 个跨距时，应在脚手架洞口上方的内、外侧设置水平加固件，水平加固杆应延伸至门洞口两侧各一个门架跨距，并在两个上角加设斜撑杆，如图 9-8（a）所示。

② 当洞口宽为 2 个及以上跨距时，在洞口上方应设置经专门设计和制作的托架梁，并应加强两侧门架立杆，如图 9-8（b）所示。

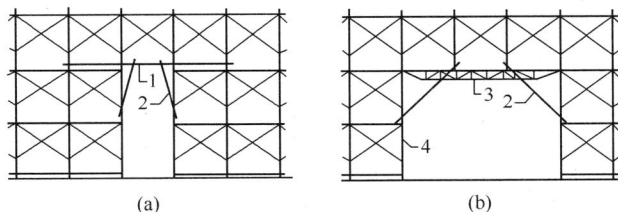

图 9-8 通道口加固示意

（a）通道口宽度为一个门架跨距加固示意；（b）通道口宽度为两个及两个以上门架跨距加固示意

1—水平加固杆；2—斜撑杆；3—托架梁；4—加强杆

第二节 门式钢管脚手架搭设

1. 准备工作

（1）脚手架、模板支撑架搭设前，项目工程技术负责人应向搭设和使用人员进行安全技术交底。

（2）严禁使用不合格的构配件及材料搭设。

（3）搭设场地应进行清理、平整，并做好排水措施。

（4）在基础上弹出门架立杆位置线，垫板、底座安放位置应准确。

（5）操作人员应佩戴安全帽、系安全带、穿防滑鞋。

2. 搭设程序

（1）搭设顺序

脚手架搭设的顺序：放线定位→铺放垫木（板）→拉线、放底座→自一端起立门架并随即装剪刀撑→装水平梁架（或脚手板）→装梯子→需要时，装设通常的纵向水平杆→装设连墙件→按照上述步骤，逐层向上安装→装加强整体刚度的长剪刀撑→装设顶部栏杆。

门式钢管脚手架的搭设应自一端向另一端延伸，并逐层改变搭设方向，自下而上按步架设，如图 9-9 所示。每搭设完一步应当检查并调整其水平度与垂直度，减少误差积累。

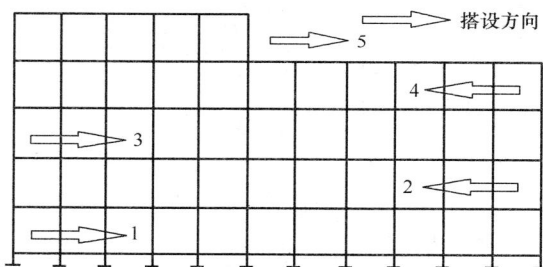

图 9-9　门式脚手架正确搭设方向

脚手架应沿建筑物周围连续、同步搭设升高，在建筑物周围形成封闭结构脚手架，不得自两端相向搭设或相间进行，或自一端和中间处同时相同方向搭设，以避免结合处错位，难于连续，也不得自一端上下两步同时向一个方向搭设。

（2）门架与配件搭设应当符合下列要求：

1）不配套的不得混合使用于同一脚手架。

2）交叉支撑、水平架或脚手板应紧随门架的安装及时设置。

3）连接门架与配件的锁臂、搭钩必须处于锁住状态。

4）水平架或脚手板应在同一步内连续设置，脚手板应满铺。

5）底层钢梯的底部应加设钢管并用扣件扣紧在门架的立杆上，钢梯的两侧均应设置扶手，每段梯可跨越两步或三步门架再行转折。

6）栏板（杆）、挡脚板应设置在脚手架操作层外侧、门架立杆的内侧；栏杆高度应为 1.2m，挡脚杆高度不应小于 180mm。

（3）加固杆、剪刀撑搭设应当符合下列要求：

1）加固杆、剪刀撑必须与脚手架同步搭设。

2）水平加固杆应设于门架立杆内侧，剪刀撑应设于门架立杆外侧并连牢。

（4）连墙件搭设应当符合下列要求：

1）连墙件的搭设必须随脚手架搭设同步进行，严禁滞后设置或搭设完毕后补做。

2）当脚手架操作层高出相邻连墙件以上两步时，应采用确保脚手架稳定的临时拉结措施，直到连墙件搭设完毕后方可拆除。

3）连墙件宜垂直于墙面，不得向上倾斜，连墙件埋入墙身的部分必须锚固可靠。

4）连墙件应连于上、下两榀门架的接头附近。

5）当脚手架不能沿建筑物周围形成封闭结构时，在脚手架两端应增设连墙件。

（5）加固件、连墙件等与门架采用扣件连接时，应符合下列规定：

1）扣件规格应与所连接钢管外径相匹配。

2）扣件螺栓拧紧扭力矩宜为 40～65N・m，不得小于 40N・m。

3）各杆件端头伸出扣件盖板边缘长度不应小于 100mm。

第三节 检 查 验 收

1. 搭设前检查验收

（1）对门架与配件的基本尺寸、质量和性能进行检查，确认合格后方可使用。

（2）对地基与基础进行检查，经验收合格后方可搭设。

2. 搭设中检查验收

（1）门式脚手架搭设完毕或每搭设 2 个楼层高度，满堂脚手架、模板支架搭设完毕或每搭设 4 步高度，应对搭设质量及安全进行一次检查，经检验合格后方可交付使用或继续搭设。对下列项目应进行重点检验：

1）基础处理以及底座、支垫设置。

2）门架跨距、间距及搭设方法。

3）连墙件设置及与结构连接固定。

4）加固杆的设置及连接。

5）通道口、转角等部位搭设。

6）架体垂直度及水平度。

7）悬挑脚手架的悬挑支承结构及与建筑结构的连接固定。

8）安全网的张挂及防护栏杆的设置。

（2）门式脚手架与模板支架搭设的技术要求、允许偏差及检验方法，应符合表 9-2 的规定。

门式脚手架与模板支架搭设技术要求、

允许偏差及检验方法   表 9-2

项次	项目		技术要求	允许偏差（mm）	检验方法
1	隐蔽工程	地基承载力	符合《建筑施工门式钢管脚手架安全技术规范》JGJ 128 规定	—	观测、施工记录检查
		预埋件	符合设计要求	—	
2	地基与基础	表面	坚实平整		观察
		排水	不积水		
		垫板	稳固		
		底座	不晃动		
			无沉降		钢直尺检查
			调节螺杆高度符合规范的规定	≤200	
		纵向轴线位置	—	±20	尺量检查
		横向轴线位置	—	±10	

84

项次	项目		技术要求	允许偏差（mm）	检验方法
3	架体构造		符合《建筑施工门式钢管脚手架安全技术规范》JGJ 128 规定及专项施工方案的要求	—	观察尺量检查
4	门架安装	门架立杆与底座轴线偏差	—	≤2.0	尺量检查
		上下榀门架立杆轴线偏差	—		
5	垂直度	每步架	—	$h/500$ ±3.0	经纬仪或线坠、钢直尺检查
		整体	—	$h/500$ ±50.0	
6	水平度	一跨距内两榀门架高差	—	±5.0	水准仪水平尺钢直尺检查
		整体	—	＋100	
7	连墙件	与架体、建筑结构连接	牢固	—	观察、扭矩测力扳手检查
		纵、横向间距	—	±300	尺量检查
		与门架横杆距离	—	≤200	
8	剪刀撑	间距	按设计要求设置	±300	尺量检查
		与地面倾角	45°～60°	—	角尺、尺量检查
9	水平加固杆		按设计要求设置	—	观察、尺量检查
10	脚手板		铺设严密、牢固	孔洞≤25	观察、尺量检查

项次	项目		技术要求	允许偏差（mm）	检验方法
11	悬挑支撑结构	型钢规格	符合设计要求	—	观察、尺量检查
		安装位置		±3.0	
12	施工层防护栏杆、挡脚板		按设计要求设置	—	观察、手板检查
13	安全网		按规定设置	—	观察
14	扣件拧紧力矩		40～65N·m	—	扭矩测力扳手检查

注：h—步距。

3. 使用中的检查

（1）门式脚手架与模板支架在使用过程中应进行日常检查，发现问题应及时处理。检查时，下列项目应进行检查：

1）加固杆、连墙件应无松动，架体应无明显变形。

2）地基应无积水，垫板及底座应无松动，门架立杆应无悬空。

3）锁臂、挂扣件、扣件螺栓应无松动。

4）安全防护设施应符合《建筑施工门式钢管脚手架安全技术规范》JGJ 128 的规范要求。

5）应无超载使用。

（2）门式脚手架与模板支架在使用过程中遇有大风或大雨、停用超过 1 个月、架体遭受外力撞击或部分拆除以及其他特殊情况时，应进行检查，确认安全后方可继续使用。

（3）满堂脚手架与模板支架在施加荷载或浇筑混凝土时，应设专人看护检查，发现异常情况应及时处理。

第四节　门式钢管脚手架拆除

1. 准备工作

（1）作业脚手架在拆除前，应检查架体构造、连墙件设置、节点连接，当发现有连墙件、剪刀撑等加固杆件缺少、架体倾斜失稳或门架立杆悬空情况时，对架体应先行加固后再拆除。

（2）模板支架在拆除前，应检查架体各部位的连接构造、加固件的设置，应明确拆除顺序和拆除方法。

（3）在拆除作业前，对拆除作业场地及周围环境应进行检查，拆除作业区内应无障碍物，作业场地临近的输电线路等设施应采取防护措施。

（4）根据拆除前的检查结果补充完善拆除方案，对拆除作业人员进行书面安全技术交底。

（5）在拆除作业区域设置警戒区和警戒标志，并由专职人员负责警戒工作。

2. 拆除程序和要求

（1）脚手架的拆除，应按照后装先拆、先装后拆的顺序自上而下逐层拆除。同一步（层）的构配件和加固件应按先上后下，先外后内的顺序拆除。

（2）每一层从一端的边跨开始拆向另一端的边跨，先拆顶部扶手和栏杆，然后拆除脚手板或水平架、扶梯，再拆水平加固杆和剪刀撑；接着自顶部跨边开始拆除交叉剪刀撑，同步拆除顶层连墙件与顶层门架；然后继续向下同步拆除下面各步门架及配件，对于连墙件、长水平杆、剪刀撑，必须在脚手架拆到相关跨门架后，方可拆除；一直拆到底层，拆除扫地杆、底层门架及封口杆，最后拆除基座，运走垫板和垫块。

（3）在进行拆除作业时应注意以下事项：

1）在拆除过程中，脚手架的自由高度大于 2 步时，必须加设临时拉结。

2）连墙件必须随脚手架逐层拆除，严禁先将连墙件整层或数层拆除后再拆架体。

3）拆除连接部件时，应先将止退装置旋转至开启位置，然后拆除，不得硬拉，严禁敲击。在拆除作业中，严禁使用手锤等硬物击打、撬、别。

4）当门式脚手架需分段拆除时，架体不拆除部分的两端应采取加固措施后再拆除。

5）拆下的门架及配件应成捆采用机械或人工放至地面，严禁抛投。

6）拆除过程中，作业人员必须有可靠的作业平台，并按规定使用防护用品。

第十章　扣件式钢管脚手架

扣件式钢管脚手架是目前建筑工程施工中应用最为广泛的脚手架之一，它由钢管和扣件组成，具有装拆简便、搭设灵活、搬运方便、通用性强等特点，能适应建筑平面、立面的变化，既可搭设作业脚手架，也可搭设模板支架。扣件式钢管脚手架主要组成部分如图 10-1 所示。

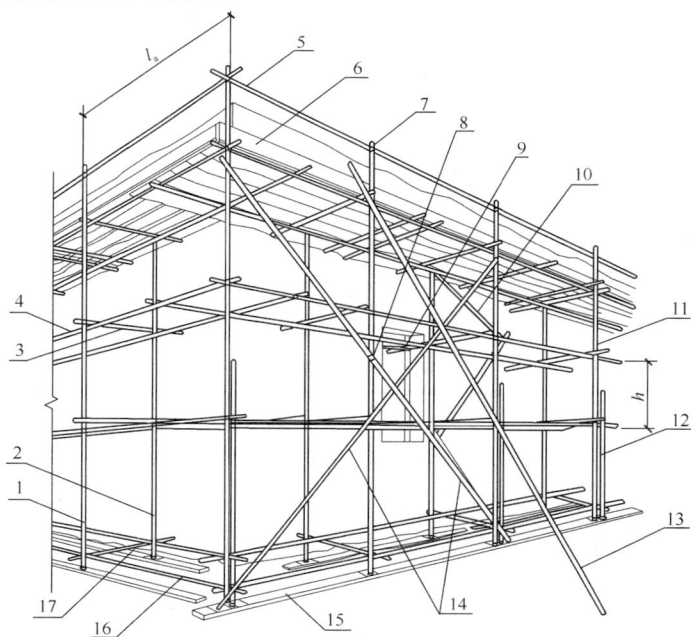

图 10-1　扣件式钢管脚手架示意
1—外立杆；2—内立杆；3—横向水平杆；4—纵向水平杆；5—防护栏杆；
6—挡脚板；7—直角扣件；8—旋转扣件；9—连墙件；10—横向斜撑；
11—主立杆；12—副立杆；13—抛撑；14—剪刀撑；15—垫板；
16—纵向扫地杆；17—横向扫地杆

第一节　扣件式钢管脚手架构配件及构造

1. 构配件

扣件式钢管脚手架的主要构配件有钢管、扣件、底座、脚手板及可调托撑等。

（1）钢管

钢管应采用符合现行国家标准的 Q235 钢，外径为 48.3mm，壁厚为 3.6mm，每根钢管的质量应控制在 25.8kg。横向水平杆所用钢管的最大长度不得超过 2.2m，一般为 1.8～2.3m，其他杆件所用钢管的最大长度不得超过 6.5m，一般为 4～6.5m。

新钢管的检查应满足以下要求：1）应有产品质量合格证；2）应有质量检验报告，钢管材质检验方法应符合现行国家标准《金属材料室温拉伸试验方法》GB/T 228 的有关规定；3）钢管表面应平直光滑，不应有裂缝、结疤、分层、错位、硬弯、毛刺、压痕和深的划痕；4）钢管外径、壁厚、端面等的偏差应分别符合表 10-1 的规定；5）对新购进的钢管应先进行除锈，钢管内壁刷涂两道防锈漆，外壁刷涂防锈漆一道、面漆两道。

钢管的允许偏差　　　　　　　　　　　　表 10-1

序号	项目	允许偏差 △（mm）	示意图	检查工具
1	焊接钢管尺寸(mm) 外径 48.3 壁厚 3.6	±0.5 ±0.36		游标卡尺
2	钢管两端面切斜偏差	1.7		塞尺、拐角尺

序号	项目	允许偏差 Δ (mm)	示意图	检查工具
3	钢管外表面锈蚀深度	≤0.18		游标卡尺
4	钢管弯曲 (1)各种杆件钢管的端部弯曲 l≤1.5m	≤5		钢板尺
	(2)立杆钢管弯曲 3m<l≤4m 4m<l≤6.5m	≤12 ≤20		
	(3)水平杆、斜杆的钢管弯曲 l≤6.5m	≤30		

旧钢管的检查应符合以下规定：1）表面锈蚀深度应不大于 0.18mm。对旧钢管锈蚀检查应每年一次。检查时，应在锈蚀严重的钢管中抽取三根，在每根锈蚀严重的部位横向截断取样检查，当锈蚀深度超过规定值时不得使用；2）钢管弯曲变形应符合表 10-1 中序号 4 的规定；3）严禁在钢管上打孔；4）每根钢管修补不能多于 3 处，每处补焊长度范围为 50～150mm，总和不大于 300mm。补焊焊缝应修磨，修磨后的高度不大于 1.5mm。在距离管端 200mm 内不允许有补焊点。

（2）扣件

扣件的作用是将钢管杆件之间进行连接，基本形式有三种：直角扣件、旋转扣件和对接扣件，如图 10-2 所示。

1）旋转扣件用于两根呈任意角度交叉钢管的连接（如立杆

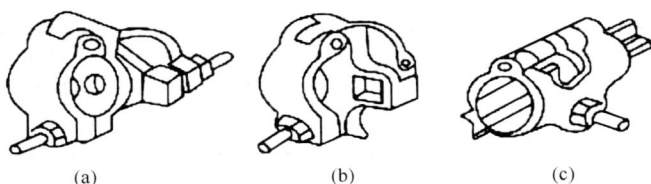

图 10-2 扣件形式

（a）旋转扣件；（b）直角扣件；（c）对接扣件

与剪刀撑）。

2）直接扣件用于两根呈垂直交叉钢管的连接（如立杆与纵向水平杆）。

3）对接扣件用于两根杆件的对接（如立杆、纵向水平杆的接长）。

扣件应采用可锻铸铁或铸钢制作，其质量和性能应符合现行国家标准《钢管脚手架扣件》GB 15831 的规定；采用其他材料制作的扣件，应经试验证明其质量符合该标准的规定后方可使用。

脚手架采用的扣件，当螺栓拧紧扭力矩达到 65N·m 时，不得发生破坏。

扣件进入施工现场应检查产品合格证，并应进行抽样复试，技术性能应符合现行国家标准。扣件在使用前应逐个挑选，有裂缝、变形、螺栓出现滑丝的严禁使用。具体检查项目和要求如表10-2 所示。

扣件质量检验表   表 10-2

项目	检查项目	验收要求
1	生产许可证、产品质量合格证	必须具备
2	法定检测单位的质量检测报告、复试报告	必须具备。若对扣件质量有怀疑，应按现行国家标准《钢管脚手架》GB 15831 的规定抽样检测

项目	检查项目	验收要求
3	扣件表面平整	（1）不得有裂纹、气孔、变形； （2）盖板与座的张开距离不得小于 50mm； （3）表面积大于 10mm² 的砂眼不应超过 3 处，且累计面积不应大于 50mm²； （4）表面粘砂面积累计不应大于 150mm²； （5）错箱不应大于 1mm； （6）扣件表面凸（或凹）的高（或深）值不应大于 1mm； （7）扣件与钢管接触部位不应有氧化皮，其他部位氧化皮面积累计不大于 150mm²； （8）铆接处应牢固，不应有裂纹，铸件表面无粘砂、毛刺； （9）产品的型号、商标、生产年号应在醒目处铸出，字迹、图案应清晰完整
4	螺栓	（1）材质应符合《碳素结构钢》GB/T 700 中 Q235 级钢的规定； （2）螺纹应符合《普通螺纹基本尺寸》GB 196 的规定； （3）T 形螺栓和螺母应符合 GB/T 3098.1、GB/T 3098.2 的规定
5	防锈处理	扣件表面应进行防锈处理，油漆应均匀美观，不应有堆漆或露铁
6	扣件性能	（1）与钢管的贴合面必须严格整形，应保证与钢管扣紧时接触良好； （2）当扣件夹紧钢管时其开口处的最大距离应小于 5mm； （3）扣件活动部位应转动灵活，旋转扣件的两旋转面间隙应小于 1mm

（3）底座

扣件式钢管脚手架的底座有可锻铸铁制造的标准底座和焊接底座两种，可根据具体条件选用，几何尺寸如图 10-3 所示。可锻铸铁制造的底座材质要求与扣件相同，焊接底座采用 Q235A 钢，焊条采用 E43 型，一般采用厚度不少于 8mm、边长 150～200mm 的钢板作为底板，用高度不少于 150mm 的钢管焊接在底板上制成。

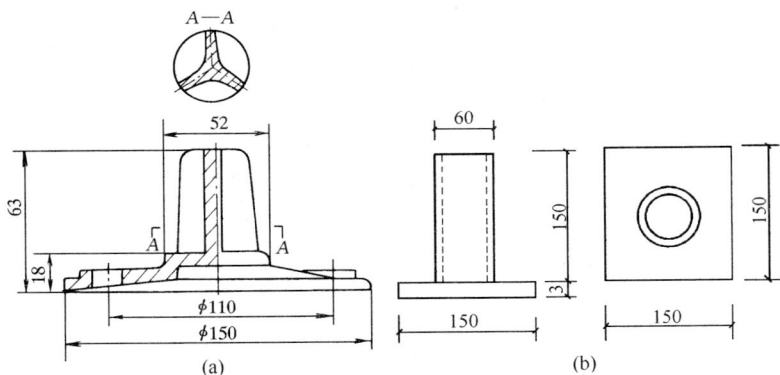

图 10-3　底座
（a）铸铁底座；（b）焊接底座

（4）垫板

垫板一般采用木垫板，也可采用槽钢。

采用木垫板时，厚度不小于 50mm，宽度不小于 200mm，平行于建筑物铺设时垫板长度应不少于 2 跨。通常情况下，应使用冷底子油等做防腐处理，两端头使用 8 号镀锌钢丝绑扎两道，以防开裂。

槽钢垫板应当沿纵向仰铺，规格为 12～16 号。

（5）脚手板

通过铺设脚手板，形成施工人员的作业面和用于临时堆放材料。常用的脚手板有：冲压钢脚手板、木脚手板、竹脚手板等。施工时可根据各地区的材源就地取材选用。每块脚手板的质量不宜大于 30kg。

1）冲压钢脚手板。新脚手板应有质量合格证；脚手板长度 $L \leqslant 4m$ 时，板面挠曲应小于 12mm，长度 $L > 4m$ 时，板面挠曲应小于 16mm，板面任一角翘起应小于 5mm；脚手板不得有裂纹、开焊与硬弯；应有防滑措施；新、旧脚手板均应涂防锈漆。其形式、构造和外形尺寸如图 10-4 所示。

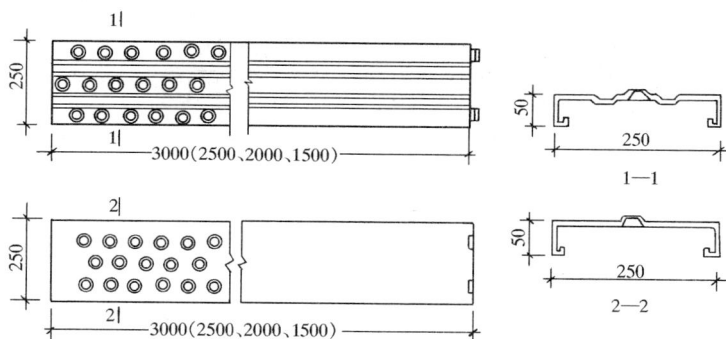

图 10-4　冲压钢脚手板形式与构造

2）木脚手板。其材质应符合现行国家标准《木结构设计规范》GB 50005 中Ⅱa 级材质的规定。不得使用扭曲变形、劈裂、腐朽的脚手板。

3）竹串片脚手板。其应符合现行行业标准《建筑施工木脚手架安全技术规范》JGJ 164 的相关规定，如图 10-5 所示。

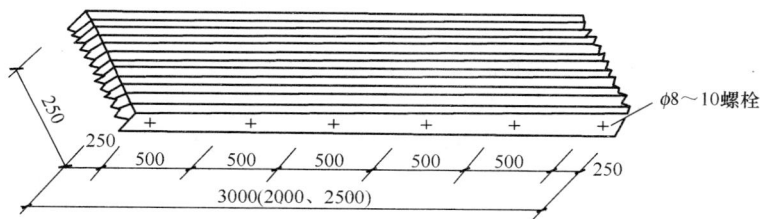

图 10-5　竹串片脚手板

4）竹笆板。其用竹筋作横挡，穿遍竹片，竹片与竹筋相交处用铁丝扎牢，如图 10-6 所示。

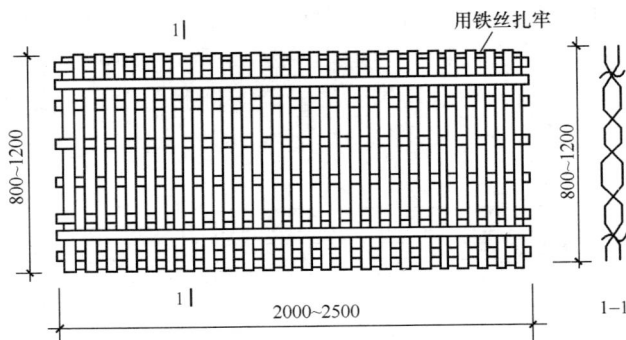

图 10-6　竹笆板

（6）可调托撑

可调托撑螺杆外径不得小于 36mm，直径与螺距应符合现行国家标准《梯形螺纹　第 2 部分：直径与螺距系列》GB/T 5796.2 和《梯形螺纹　第 3 部分：基本尺寸》GB/T 5796.3 的规定。可调托撑受压承载力设计值不应小于 40kN，支托板厚度不应小于 5mm。

2. 扣件式钢管脚手架构造

扣件式钢管作业脚手架主要有单排、双排和满堂脚手架，其中单排和双排脚手架形式如图 10-7 所示。

（1）构造尺寸

1）单排和双排作业脚手架的宽度不应小于 0.8m，且不宜大于 1.2m。作业层高度不应小于 1.7m，且不宜大于 2m。

2）单排脚手架搭设高度不应超过 24m；双排脚手架搭设高度不宜超过 50m；满堂脚手架搭设高度不宜超过 36m，满堂脚手架施工层不超过 1 层。

（2）地基与基础

脚手架地基与基础的施工，必须根据脚手架搭设高度、搭设

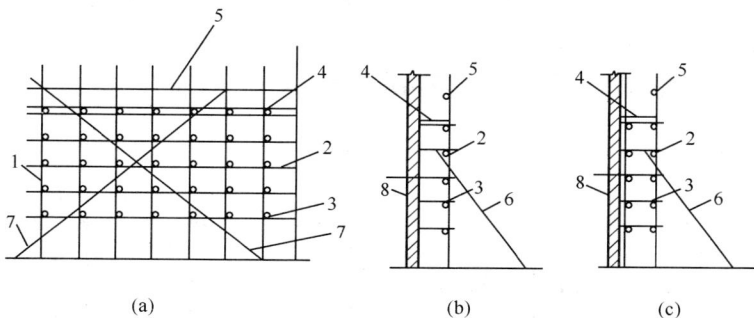

图 10-7 单双排脚手架示意

（a）立面；（b）侧面（单排）；（c）侧面（双排）

1—立杆；2—大横杆；3—小横杆；4—脚手板；5—栏杆；

6—抛撑；7—斜撑（剪刀撑）；8—墙体

场地层情况与现行国家标准《建筑地基基础工程施工质量验收规范》GB 50202 的有关规定进行。

脚手架基础的形式应当根据实际地基承载力情况经计算确定，当脚手架专项施工方案无特殊要求时，可按如下方法进行：

1）搭设高度在 25m 以下时，可素土夯实找平，上面铺设垫板，并设底座。

2）搭设高度在 25～50m 时，可采用回填土分层夯实找平，可铺设枕木作垫木或在地基上加铺 20cm 厚道碴，其上铺设混凝土板，再仰铺 12～16 号槽钢。

3）脚手架底座底面标高宜高于自然地坪 50～100mm。

4）脚手架基础外侧应设置排水沟进行有组织排水。

（3）立杆

立杆的搭设应符合以下要求：

1）每根立杆底部应设置底座或垫板。

2）脚手架必须设置纵、横向扫地杆。纵向扫地杆应采用直角扣件固定在距底座上皮不大于 200mm 处的立杆上。横向扫地杆应采用直角扣件固定在紧靠纵向扫地杆下方的立杆上。

3）脚手架立杆基础不在同一高度上时，必须将高处的纵向扫地杆向低处延长两跨与立杆固定，高低差不应大于1m。靠边坡上方的立杆轴线到边坡的距离不应小于500mm（图10-8）。

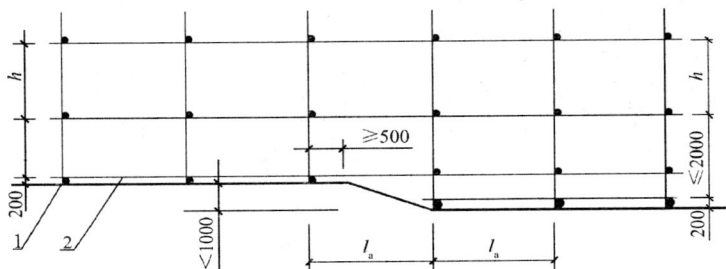

图10-8　纵、横向扫地杆构造
1—横向扫地杆；2—纵向扫地杆

4）单、双排脚手架底层步距均不应大于2m。

5）立杆必须用连墙件与建筑物可靠连接。

6）立杆接长除顶层顶步外，其余隔层各步接头必须采用对接扣件连接。

7）脚手架立杆对接、搭接应符合下列规定：

① 当立杆采用对接接长时，立杆的对接扣件应交错布置，两根相邻立杆的接头不应设置在同步内，同步内隔一根立杆的两个相邻接头在高度方向错开的距离不宜小于500mm；各接头中心至主节点的距离不宜大于步距的1/3（图10-9）。

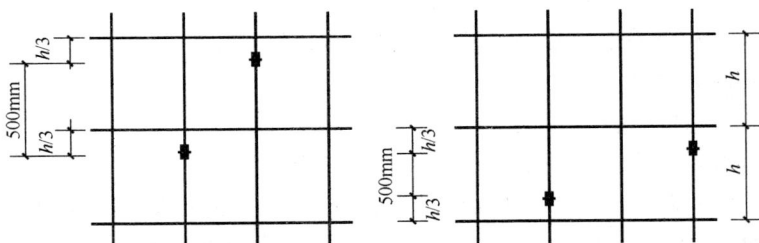

图10-9　立杆对接接头位置

② 当立杆采用搭接接长时，搭接长度不应小于1m，并应采用不少于2个旋转扣件固定。端部扣件盖板的边缘至杆端距离不应小于100mm。

8）脚手架立杆顶端栏杆宜高出女儿墙上端1m，宜高出坡屋面檐口上端1.5m。

（4）纵向水平杆

1）纵向水平杆应设置在立杆内侧，单根杆长度不应小于3跨。

2）纵向水平杆接长应采用对接扣件连接或搭接。并应符合下列规定：

① 两根相邻纵向水平杆的接头不宜设置在同步或同跨内，不同步或同跨的相邻接头水平方向错开距离不应小于500mm；各接头中心至最近主节点的距离不宜大于纵距的1/3（图10-10）。

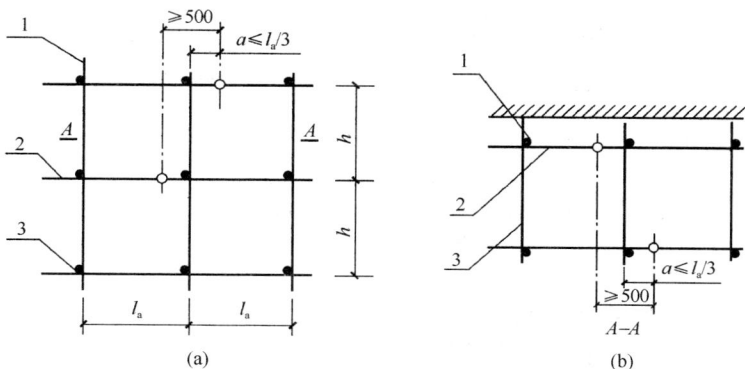

图 10-10 纵向水平杆接头位置
（a）接头不在同步内（立面）；（b）接头不在同跨内（平面）
1—立杆；2—纵向水平杆；3—横向水平杆

② 搭接长度不应小于1m，等间距设置3个旋转扣件固定。端部扣件盖板的边缘至杆端距离不应小于100mm（图10-11）。

③ 当使用冲压钢脚手板、木脚手板、竹串片脚手板时，纵

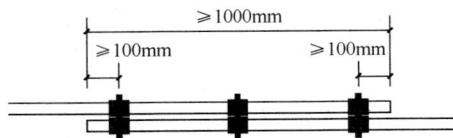

图 10-11　纵向水平杆搭接接头形式

向水平杆应作为横向水平杆的支座，用直角扣件固定在立杆上（图 10-12）；当使用竹笆脚手板时，纵向水平杆应采用直角扣件固定在横向水平杆上，并应等间距设置，间距不应大于 400mm（图 10-13）。

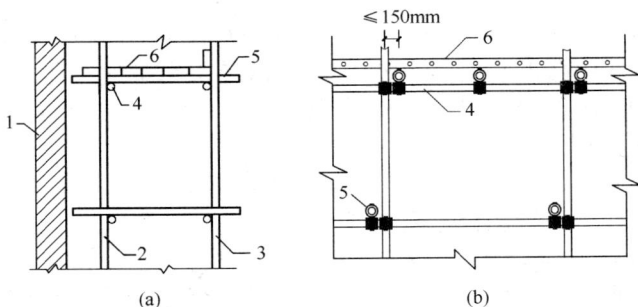

图 10-12　采用冲压钢脚手板等脚手板时纵向水平杆的设置
(a) 侧立面图；(b) 正立面图
1—建筑结构；2—内立杆；3—外立杆；4—纵向水平杆；
5—横向水平杆；6—脚手板

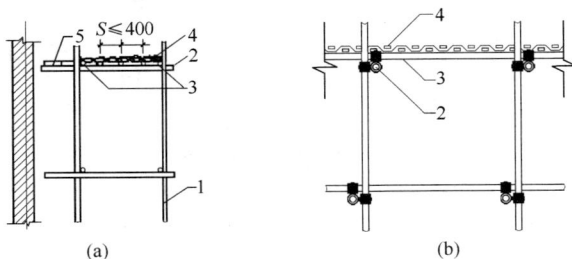

图 10-13　采用竹笆脚手板时纵向水平杆的设置
(a) 侧立面图；(b) 正立面图
1—立杆；2—横向水平杆；3—纵向水平杆；
4—竹笆脚手板；5—其他脚手板

（5）横向水平杆

横向水平杆的构造应符合以下要求：

1）在立杆与纵向水平杆的交点处（主节点）必须设置一根横向水平杆，用直角扣件扣接并严禁拆除。

2）横向水平杆应紧靠主接点，用直角扣件与立杆或纵向水平杆扣牢。

3）作业层上非主节点处的横向水平杆，可以根据支承脚手板的需要等间距设置，但最大间距不应大于纵距的1/2。当作业层转入其他层时，非主节点处的横向水平杆可以随脚手板一同拆除，但主节点处的横向水平杆不得拆除。

4）当使用冲压钢脚手板、木脚手板、竹串片脚手板时，双排脚手架的横向水平杆两端均应采用直角扣件固定在纵向水平杆上；单排脚手架的横向水平杆的一端应用直角扣件固定在纵向水平杆上，另一端应插入墙内，插入长度不应小于180mm。

5）当使用竹笆脚手板时，双排脚手架的横向水平杆两端，应用直角扣件固定在立杆上；单排脚手架的横向水平杆的一端，应用直角扣件固定在立杆上，另一端应插入墙内，插入长度不应小于180mm。

（6）剪刀撑与横向斜撑

剪刀撑与横向斜撑可以增强脚手架的整体刚度，提高脚手架的稳定性和承载力。双排脚手架应设剪刀撑与横向斜撑，单排脚手架应设剪刀撑。

1）剪刀撑。单、双排脚手架剪刀撑的设置应符合下列规定：

① 每道剪刀撑跨越立杆的根数宜按表10-3的规定确定。每道剪刀撑宽度不应小于4跨，且不应小于6m，斜杆与地面的倾角宜在45°～60°之间。

剪刀撑跨越立杆的最多根数 表10-3

剪刀撑斜杆与地面的倾角 α	45°	50°	60°
剪刀撑跨越立杆的最多根数 n	7	6	5

② 剪刀撑斜杆的接长应采用搭接，搭接长度不应小于 1m，采用不少于 3 个旋转扣件固定，端部扣件盖板的边缘至杆端距离不应小于 100mm，如图 10-14 所示。

③ 剪刀撑斜杆应用旋转扣件固定在与之相交的横向水平杆的伸出端或立杆上，旋转扣件中心线至主节点的距离不宜大于 150mm，如图 10-15 所示。

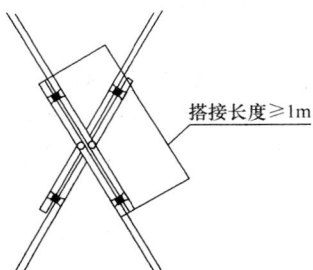

图 10-14　剪刀撑搭接

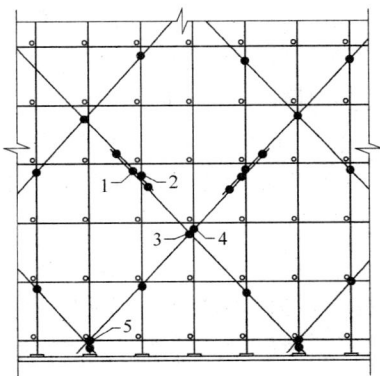

图 10-15　剪刀撑杆件接长及
固定点示意图
1—搭接段（共 3 个）；2—搭接段与立杆固定；
3—交叉点固定；4—斜杆与立杆固定；5—底
部端点与立杆或横向水平杆固定

④ 高度在 24m 及以上的双排脚手架应在外侧立面连续设置剪刀撑。

⑤ 高度在 24m 以下的单、双排脚手架，均必须在外侧立面两端、转角及中间间隔不超过 15m 的立面上，各设置一道剪刀撑，并应由底至顶连续设置。

2）横向斜撑

横向斜撑的设置应符合下列规定：

① 横向斜撑应在同一节间，由底至顶层呈"之"字形连续布置。

② 高度在 24m 以下的封闭型双排脚手架可不设横向斜撑，高度在 24m 以上的封闭型脚手架，除拐角应设置横向斜撑外，中间应每隔 6 跨设置一道。

③ 开口型双排脚手架的两端均必须设置横向斜撑。

（7）脚手板

脚手板的设置应符合下列规定：

1）作业层脚手板应铺满、铺稳、铺实。

2）冲压钢脚手板、木脚手板、竹串片脚手板等，应设置在三根横向水平杆上。当脚手板长度小于 2m 时，可采用两根横向水平杆支承，但应将脚手板两端与其可靠固定，严防倾覆。

3）脚手板的铺设应采用对接平铺或搭接铺设。

① 脚手板对接平铺时，接头处必须设两根横向水平杆，脚手板外伸长应取 130~150mm，两块脚手板外伸长度之和不应大于 300mm。

② 脚手板搭接铺设时，接头必须支在横向水平杆上，搭接长度不应小于 200mm，其伸出横向水平杆的长度不应小于 100mm。

③ 竹笆脚手板应按其主竹筋垂直于纵向水平杆方向铺设，且采用对接平铺，四个角应用直径不小于 1.2mm 的镀锌钢丝固定在纵向水平杆上。

④ 作业层端部脚手板探头长度应取 150mm，其板的两端均应固定于支承杆件上。

（8）连墙件

连墙件设置的位置、数量应按专项施工方案确定。其数量的设置除应满足本规范的计算要求外，还应符合表 10-4 的规定。

连墙件布置最大间距　　　　　　　　　　表 10-4

搭设方法	高度（m）	竖向间距（h）	水平间距（l_a）	每根连墙件覆盖面积（m^2）
双排落地	≤50	3	3	≤40
双排悬挑	>50	2	3	≤27

搭设方法	高度 （m）	竖向间距 （h）	水平间距 （l_a）	每根连墙件覆盖面积 （m²）
单排	≤24	3	3	≤40

注：h—步距；l_a—纵距。

连墙件的布置应符合以下要求：

1）应靠近主节点设置，偏离主节点的距离不应大于 300mm。

2）应从底层第一步纵向水平杆处开始设置，当该处设置有困难时，应采用其他可靠措施固定。

3）应优先采用菱形布置（图 10-16），或采用方形、矩形布置。

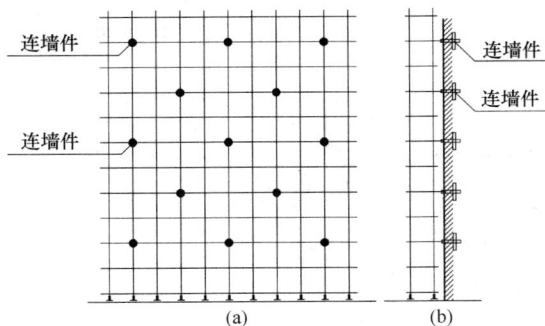

图 10-16　连墙件的菱形布置

（a）正立面图；（b）剖面图

4）一字形、开口形脚手架的两端必须设置连墙件，连墙件的垂直间距不应大于建筑物的层高，并不应大于 4m（2 步）。

5）连墙件中的连墙杆应呈水平设置，当不能水平设置时，应向脚手架一端下斜连接，如图 10-17 所示。

6）连墙件必须采用可承受拉力和压力的构造。对高度 24m 以上的双排脚手架，应采用刚性连墙件与建筑物连接。

7）当脚手架下部暂不能设连墙件时应采取防倾覆措施。

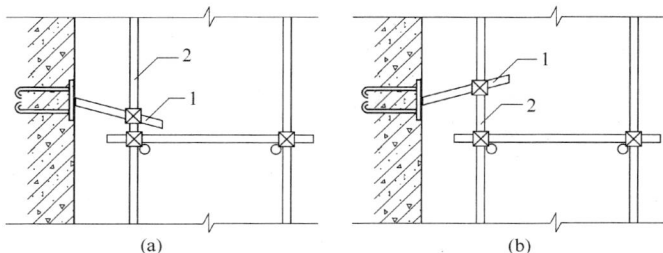

图 10-17 连墙件的构造

（a）连墙件下斜（允许）；（b）连墙件下斜（错误）

1—连墙件；2—内立杆

8）架高超过 40m 且有风涡流作用时，应采取抗上升翻流作用的连墙措施。

（9）抛撑

当脚手架下部暂不能设连墙件时可搭设抛撑，并符合以下要求：

1）抛撑应采用通长杆件与脚手架可靠连接，与地面的倾角应在 45°～60°之间。

2）连接点中心至主节点的距离不应大于 300mm。

3）抛撑应在连墙件搭设后方可拆除。

（10）门洞

脚手架需设置门洞时，洞口上方的立杆不能直接落到基础上，这时可以挑空 1～2 根立杆，并将悬空的立杆用斜杆逐根连接，使荷载分布到两侧的立杆上。

门洞的设置应符合以下要求：

1）门洞上方的立杆从洞口上方的纵向水平杆开始扣接，洞口上方的内、外纵向水平杆可用两根钢管加强。

2）单、双排脚手架门洞宜采用上升斜杆、平行弦杆桁架结构形式，如图 10-18 所示，斜杆与地面的倾角 α 应在 45°～60°之间。门洞桁架的形式宜按下列要求确定：

① 当步距（h）小于纵距（l_a）时，应采用 A 型；

② 当步距（h）大于纵距（l_a）时，应采用 B 型，并应符合

以下规定：

　A. $h = 1.8$m 时，纵距不应大于 1.5m；

　B. $h = 2.0$m 时，纵距不应大于 1.2m。

　3）单、双排脚手架门洞桁架的构造应符合下列规定：

　① 单排脚手架门洞处，应在平面桁架的每一节间设置一根斜腹杆，如图 10-18（a）～（d）所示；双排脚手架门洞处的空间桁架，除下弦平面外，应在其余 5 个平面内的图示节间设置一

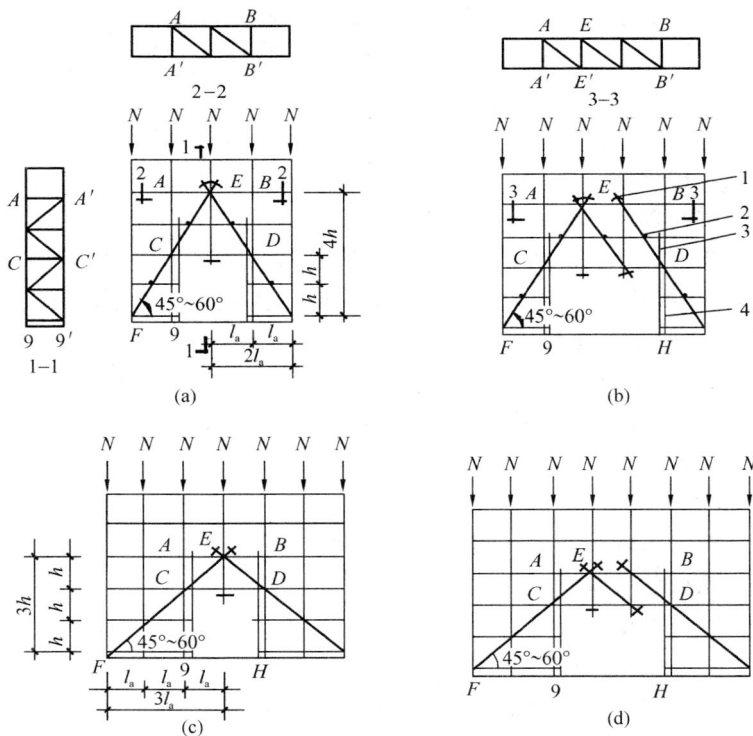

图 10-18　门洞处上升斜杆、平行弦杆桁架

（a）挑空一根立杆 A 型；（b）挑空两根立杆 A 型；

（c）挑空一根立杆 B 型；（d）挑空两根立杆 B 型

1—防滑扣件；2—增设的横向水平杆；3—副立杆；4—主立杆

根斜腹杆，如图 10-19 中 1-1、2-2、3-3 剖面所示。

② 斜腹杆宜采用旋转扣件固定在与之相交的横向水平杆的伸出端上，旋转扣件中心线至主节点的距离不宜大于 150mm。当斜腹杆在 1 跨内跨越 2 个步距（图 10-18A 型）时，宜在相交的纵向水平杆处，增设一根横向水平杆，将斜腹杆固定在其伸出端上。

③ 斜腹杆宜采用通长杆件，当必须接长使用时，宜采用对接扣件连接，也可采用搭接，搭接构造应符合杆件接长的有关规定。

④ 单排脚手架过窗洞时应增设立杆或增设一根纵向水平杆，如图 10-19 所示。

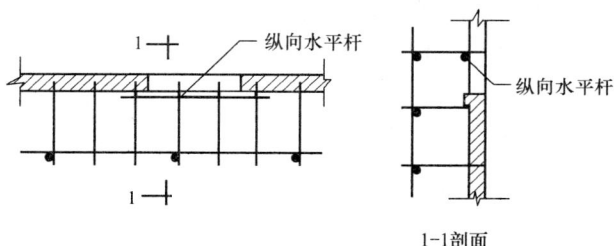

图 10-19 单排脚手架过窗洞构造

⑤ 门洞桁架下的两侧立杆应为双管立杆，副立杆高度应高于门洞口 1～2 步。

⑥ 门洞桁架中伸出上下弦杆的杆件端头，均应增设一个防滑扣件，该扣件宜紧靠主节点处的扣件。

（11）斜道

斜道，是作业人员上下施工层的通道。对于高度不大于 6m 的脚手架，宜采用一字形斜道；高度大于 6m 的脚手架，宜采用之字形斜道。

斜道的构造应符合以下规定：

1）斜道应附着外脚手架或建筑物设置。

2）运料斜道宽度不宜小于 1.5m，坡度不应大于 1∶6，人行斜道宽度不宜小于 1m，坡度不应大于 1∶3。

3）拐弯处应设置平台，其宽度不应小于斜道宽度。

4）斜道两侧及平台外围均应设置栏杆及挡脚板。栏杆高度应为 1.2m，挡脚板高度不应小于 180mm。

5）运料斜道两端、平台外围和端部均应设置连墙件；每两步应加设水平斜杆及剪刀撑和横向斜撑。

6）斜道脚手板构造应符合下列规定：

① 脚手板横铺时，应在横向水平杆下增设纵向支托杆，纵向支托杆间距不应大于 500mm。

② 脚手板顺铺时，接头宜采用搭接；下面的板头应压住上面的板头，板头的凸棱外宜采用三角木填顺。

③ 人行斜道和运料斜道的脚手板上应每隔 250～300mm 设置一根防滑木条，木条厚度应为 20～30mm。

第二节　扣件式钢管脚手架搭设

1. 准备工作

（1）搭设前，应按专项施工方案向施工作业人员进行安全技术交底。

（2）应按规范规定和专项施工方案要求，对使用的钢管、扣件、脚手板等构配件进行检查验收，不合格的产品不得使用。

（3）经检验合格的构配件应按品种、规格分类，堆放整齐、平稳，堆放场地不得有积水。

（4）应清除搭设场地杂物，平整搭设场地，并使排水畅通。

（5）做好脚手架搭设工具与辅助设备的准备工作。

2. 搭设程序

脚手架搭设必须严格执行有关脚手架的安全技术规范，采取切实可靠的安全措施，以保证安全可靠施工。

脚手架应按形成基本构架单元的要求，逐排、逐跨、逐步地进行搭设。

矩形周边脚手架可在其中的一个角的两侧各搭设一个 1～2 根杆长和 1 根杆高的架子，并按规定要求设置剪刀撑或横向斜撑，以形成一个稳定的起始架子，如图 10-20 所示，然后向两边延伸，至全周边都搭设好后，再分步满周边向上搭设。

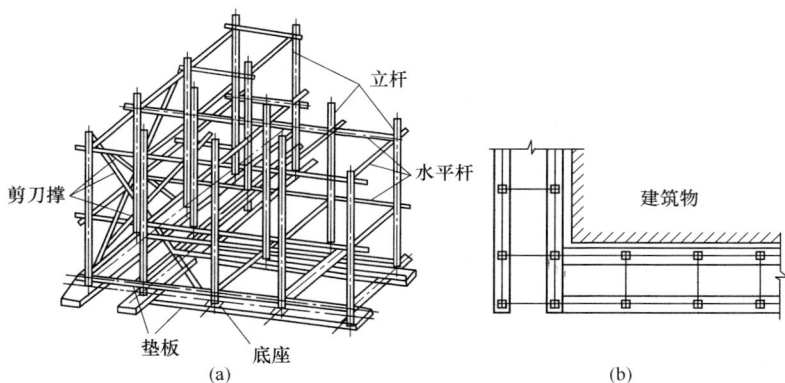

图 10-20　脚手架搭设的起始架
（a）轴测图；（b）平面图

脚手架一般搭设程序如下：处理基础→放立杆位置线→铺垫板→放底座→摆放纵向扫地杆→逐根竖立杆（随即与纵向扫地杆扣紧）→安放横向扫地杆（与立杆或纵向扫地杆扣紧）→加设临时抛撑（在设置两道连墙件后可拆除）→安装第一步大横杆和小横杆→设置连墙件→安装第二步大横杆和小横杆→设首层安全平网→挂密目式安全立网→安装第三、第四步大横杆和小横杆→设置连墙件→接立杆→安装剪刀撑、横向斜撑（随立杆、水平杆等同步搭设）→铺脚手板→安装护身栏杆和挡脚板→依次向上搭设（中间不超过 10m 设一道层间安全平网）→安装封顶杆→剪刀撑和横向斜撑设置至顶、满挂密目式安全立网。

脚手架必须配合施工进度搭设，一次搭设高度不应超过相邻连墙件以上两步。每搭设完一步脚手架后，应按规范规定校正步距、纵距、横距及立杆垂直度。

3. 检查验收

扣件式钢管脚手架搭设完毕后，必须对其质量进行检查验收，经检查验收合格后方可交付使用。

脚手架及其地基基础应在下列阶段进行检查与验收：

（1）基础完工后及脚手架搭设前。

（2）作业层上施加荷载前。

（3）每搭设完 6~8m 高度后。

（4）达到设计高度后。

（5）遇有六级强风及以上风或大雨后；冻结地区解冻后。

（6）停用超过一个月。

脚手架的检查验收，重点检查下列项目，并须将检查结果记入验收报告：

（1）脚手架的架杆、配件设置和连接是否齐全，质量是否合格，构造是否符合设计要求，扣件连接是否紧固、可靠。

（2）地基是否有积水，基础是否平整、坚实，底座是否松动，立杆是否悬空。

（3）连墙件的数量、位置和设置是否符合规定要求。

（4）安全网的张挂及扶手的设置是否符合规定要求。

（5）脚手架的垂直度与水平度的偏差是否符合规定要求。

（6）是否超载。

脚手架搭设的技术要求、允许偏差与检验方法，应符合表 10-5 的规定。

脚手架搭设的技术要求、允许偏差与检验方法　　表 10-5

项次	项目		技术要求	允许偏差 Δ(mm)	示意图	检查方法与工具
1	地基基础	表面	坚实平整	—	—	观察
		排水	不积水			
		垫板	不晃动			
		底座	不滑动			
			不沉降	—10		

项次	项目	技术要求	允许偏差 Δ(mm)	示意图	检查方法与工具
2	立杆垂直度	最后验收立杆垂直度（20～50)m	±100		用经纬仪或吊线和卷尺

下列脚手架允许水平偏差(mm)

	搭设中检查偏差的高度（m）	总高度		
		50m	40m	20m
	$H＝2$	±7	±7	±7
	$H＝10$	±20	±25	±50
	$H＝20$	±40	±50	±100
	$H＝30$	±60	±75	
	$H＝40$	±80	±100	
	$H＝50$	±100		

中间档次用插入法

项次	项目	技术要求	允许偏差 Δ(mm)	示意图	检查方法与工具
3	间距	步距 纵距 横距	—	±20 ±50 ±20	—	钢板尺
4	纵向水平杆高差	一根杆的两端	—	±20		水平仪或水平尺
		同跨内两根纵向水平杆高差	—	±10		

项次	项目		技术要求	允许偏差 Δ (mm)	示意图	检查方法与工具
5	剪刀撑斜杆与地面的倾角		45°~60°			角尺
6	脚手板外伸长度	对接	$a=$ 130~150mm $l \leqslant 300$mm	—		卷尺
		搭接	$a \geqslant 100$mm $l \geqslant 200$mm	—		卷尺
7	扣件安装	主节点处各扣件中心点相互距离	$a \leqslant 150$mm	—		钢板尺
		同步立杆上两个相隔对接扣件的高差	$a \geqslant 500$mm	—		钢卷尺
		立杆上的对接扣件至主节点的距离	$a \leqslant h/3$			

项次	项目		技术要求	允许偏差 Δ（mm）	示意图	检查方法与工具
7	扣件安装	纵向水平杆上的对接扣件至主节点的距离	$a \leqslant l_a/3$	—		钢卷尺
		扣件螺栓拧紧扭矩	40~65N·m	—	—	扭力扳手

安装后的扣件螺栓拧紧力矩采用扭力扳手检查，抽样方法应按随机分布的原则进行。抽样检查数目与质量判定标准应按表10-6的规定确定，不合格的应重新拧紧至合格。

扣件拧紧抽样检查数目及质量判定标准　　　　表 10-6

项次	检查项目	安装扣件数量（个）	抽检数量（个）	允许的不合格数
1	连接立杆与纵（横）向水平杆或剪刀撑的扣件；接长立杆、纵向水平杆或剪刀撑的扣件	51~90	5	0
		91~150	8	1
		151~280	13	1
		281~500	20	2
		501~1200	32	3
		1201~3200	50	5

113

项次	检查项目	安装扣件数量 （个）	抽检数量 （个）	允许的 不合格数
2	连接横向水平杆与纵向水平杆的扣件（非主节点处）	51~90	5	1
		91~150	8	2
		151~280	13	3
		281~500	20	5
		501~1200	32	7
		1201~3200	50	10

第三节 扣件式钢管脚手架拆除

1. 准备工作

（1）应全面检查脚手架的扣件连接、连墙件、支撑体系等是否符合构造要求，如果存在问题必须在拆除之前先行加固。

（2）应根据检查结果及时补充完善脚手架专项方案中的拆除顺序和措施，经审批后方可实施。

（3）拆除前应对作业人员进行书面安全技术交底。交底要有记录，内容要有针对性，明确脚手架拆除过程中的注意事项。

（4）应清除脚手架上的杂物及地面障碍物，如脚手板上的混凝土、砂浆块、U形卡、活动杆子及材料等。

（5）拆架前施工现场先拉好警戒线，现场技术管理人员和安全管理人员应对拆除作业进行巡查，及时纠正违章作业。

2. 拆除程序及要求

脚手架的拆除顺序与搭设顺序相反，后搭的先拆，先搭的后拆。

一般拆除顺序如下：

安全网→防护栏杆及挡脚板→脚手板→横向水平杆→纵向水平杆→剪刀撑→连墙件→立杆→杆件传至地面→横向扫地杆→纵

向扫地杆→底座或垫板。

拆除过程中还应符合下列规定：

（1）脚手架拆除作业必须由上而下逐层进行，严禁上下同时作业。

（2）拆脚手架杆件时应尽量避免单人进行拆除作业，必须有2～3人协同操作，严禁单人拆除脚手板、长杆件等较重、较大的杆部件。拆纵向水平杆时，应由站在中间的人向下传递，严禁向下抛掷。

（3）连墙件必须随脚手架逐层拆除，严禁先将连墙件整层或数层拆除后再拆脚手架杆件。

（4）分段拆除高差大于两步时，应增设连墙件加固。

（5）当脚手架拆至下部最后一根立杆高度（约6.5m）时，应在适当位置先搭设临时抛撑加固后，再拆除连墙件。

（6）当脚手架采取分段、分立面拆除时，对不拆除的脚手架两端，应先按有关规定设置连墙件和横向斜撑加固。

（7）拆下的杆件、扣件等应及时清除、转运，分类、分堆、分规格码放整齐。

（8）拆下的脚手架杆件、配件，应及时检验、整修和保养，并按品种、规格分别堆放，以便运输保管。

第四节 安 全 管 理

（1）脚手架作业层上的施工荷载应符合设计要求，不得出现超载现象。不得在脚手架上集中堆放模板、钢筋等物件，不得将模板支架、缆风绳、输送混凝土的泵和砂浆的输送管等固定在脚手架上，架体上严禁悬挂起重设备。

（2）在扣件式钢管脚手架使用期间，严禁拆除主节点处的纵、横向水平杆及纵、横向扫地杆、连墙件、支撑杆件、栏杆及挡脚板。

（3）在扣件式钢管脚手架使用期间，不得在脚手架基础及其附近进行挖掘作业，否则应采取安全措施，并报主管部门批准。

（4）在扣件式钢管脚手架上进行电、气焊作业时，必须有可靠的防火措施和派专人看守，防止焊渣引燃架体上的易燃物，造成火灾事故。

（5）脚手架与架空输电线路的安全距离、工地临时用电线路的架设及脚手架接地、避雷措施等，应按《施工现场临时用电安全技术规范》JGJ 46—2018 的有关规定执行。

（6）在扣件式钢管脚手架使用期间，应做好脚手架的防火工作，作业楼层的架体上应适量配备灭火器材。在架体显著位置应设置灭火器的分布位置图及安全通道位置图，以便在需要时操作人员能够快速找到并使用。

第十一章　碗扣式钢管脚手架

碗扣式钢管脚手架，又称多功能碗扣型脚手架，简称碗扣架。其杆件节点处采用碗扣连接，碗扣固定在立杆钢管上，构成全部轴向连接的一种承插锁固式脚手架，具有结构简单、组装简便、承载力高、加工容易、安全可靠等特点。碗扣式钢管脚手架根据其用途主要可分为双排脚手架和支撑脚手架（模板支架）两类，其中模板支架的使用较为广泛。

第一节　碗扣式钢管脚手架构配件及构造

碗扣式钢管脚手架采用带齿碗扣接头连接各种杆件，主要构配件有钢管立杆、横杆、间横杆、专用外斜杆、专用斜杆、窄挑梁、宽挑梁、立杆连接销、底座、托撑和脚手板等，其基本构造和搭设要求与扣件式钢管脚手架类似，不同之处主要在于碗扣接头。

碗扣接头是该脚手架系统的核心部件，它由上碗扣、下碗扣、横杆接头和上碗扣的限位销等组成，如图 11-1 所示。

1. 碗扣

（1）上碗扣

上碗扣是沿立杆上下滑动，起锁紧作用的碗形紧固件。上碗扣应采用碳素铸钢或可锻铸铁铸造或锻造，不得采用钢板冲压成型。采用锻造成型的上碗扣，在使用中很少出现开裂，即使开裂后还可以采用焊接修补，使用效果较好（图 11-2）。

（2）下碗扣

下碗扣是焊接固定在立杆上的碗形紧固件。下碗扣一般采用

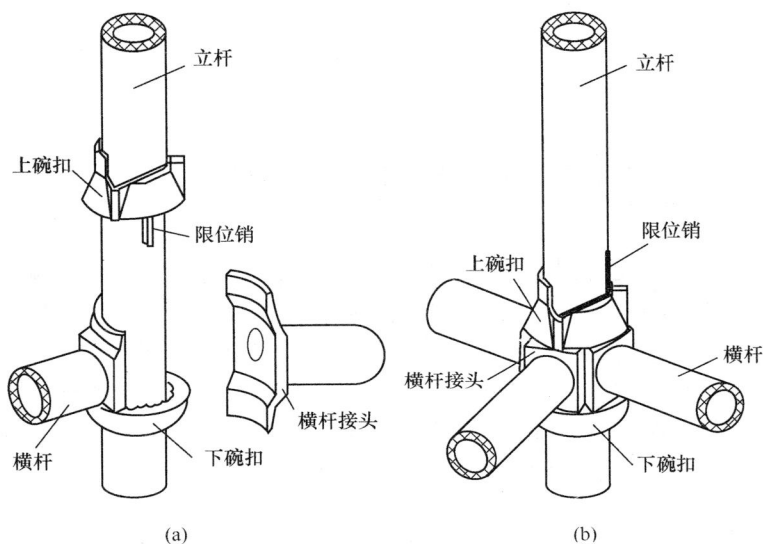

图 11-1 碗扣节点构造图

(a) 组装前；(b) 组装后

碳素铸钢铸造或钢板冲压成型，钢板的材质不应低于 Q235 级钢，板材厚度不应小于 4mm。下碗扣严禁利用废旧锈蚀钢板改制（图 11-3）。

图 11-2 上碗扣

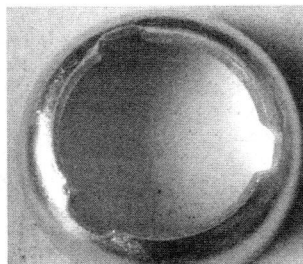

图 11-3 下碗扣

2. 立杆

碗扣式钢管脚手架立杆上带有活动上碗扣，并且焊有固定的下碗扣和竖向连接套管。

（1）立杆碗扣节点间距有 0.6m 和 0.5m 两种模数设置。当采取 0.6m 模数设置时，立杆钢管材质应为 Q235 级钢；当采取 0.5m 模数设置时，钢管材质应为 Q345 级钢。

（2）立杆一般采用公称尺寸为 $\phi 48.3mm \times 3.5mm$ 的钢管。按 0.6m 模数设置碗扣节点间距时，常用步距为 1.2m、1.8m；而 0.5m 模数的常用步距为 1.0m、1.5m 和 2.0m。

（3）立杆的质量应符合以下要求：

1）钢管外径允许偏差应为 ±0.5mm，壁厚偏差不应为负偏差。

2）钢管弯曲度允许偏差应为 2mm/m。

3）立杆碗扣节点间距允许偏差应为 ±10mm。

4）下碗扣碗口平面与立杆轴线的垂直度允许偏差应为 1.0mm。

（4）立杆常用型号、规格、材质及质量，见表 11-1。

<table>
<tr><td colspan="5">立杆常用型号、规格、材质及质量　　　　　表 11-1</td></tr>
<tr><td>名称</td><td>常用型号</td><td>主要规格
（mm）</td><td>材质</td><td>理论质量
（kg）</td></tr>
<tr><td rowspan="11">立杆</td><td>LG-A-120</td><td>$\phi 48.3mm \times 3.5mm \times 1200$</td><td>Q235</td><td>7.05</td></tr>
<tr><td>LG-A-180</td><td>$\phi 48.3mm \times 3.5mm \times 1800$</td><td>Q235</td><td>10.19</td></tr>
<tr><td>LG-A-240</td><td>$\phi 48.3mm \times 3.5mm \times 2400$</td><td>Q235</td><td>13.34</td></tr>
<tr><td>LG-A-300</td><td>$\phi 48.3mm \times 3.5mm \times 3000$</td><td>Q235</td><td>16.48</td></tr>
<tr><td>LG-B-80</td><td>$\phi 48.3mm \times 3.5mm \times 800$</td><td>Q345</td><td>4.30</td></tr>
<tr><td>LG-B-100</td><td>$\phi 48.3mm \times 3.5mm \times 1000$</td><td>Q345</td><td>5.50</td></tr>
<tr><td>LG-B-130</td><td>$\phi 48.3mm \times 3.5mm \times 1300$</td><td>Q345</td><td>6.69</td></tr>
<tr><td>LG-B-150</td><td>$\phi 48.3mm \times 3.5mm \times 1500$</td><td>Q345</td><td>8.10</td></tr>
<tr><td>LG-B-180</td><td>$\phi 48.3mm \times 3.5mm \times 1800$</td><td>Q345</td><td>9.30</td></tr>
<tr><td>LG-B-200</td><td>$\phi 48.3mm \times 3.5mm \times 2000$</td><td>Q345</td><td>10.50</td></tr>
<tr><td>LG-B-230</td><td>$\phi 48.3mm \times 3.5mm \times 2300$</td><td>Q345</td><td>11.80</td></tr>
</table>

名称	常用型号	主要规格 （mm）	材质	理论质量 （kg）
	LG-B-250	φ48.3mm×3.5mm×2500	Q345	13.40
立杆	LG-B-280	φ48.3mm×3.5mm×2800	Q345	15.40
	LG-B-300	φ48.3mm×3.5mm×3000	Q345	17.60

注：表中所列立杆型号标识为"-A"代表节点间距按照 0.6m 模数设置；标识为"-B"代表节点间距按照 0.5m 模数设置。

3. 水平杆及其他杆件

（1）水平杆

水平杆包括纵向水平杆和横向水平杆，它的两端焊接有连接板接头，与立杆通过上下碗扣连接。

1）水平杆钢管材质应为 Q235 级钢，其接头应采用碳素铸钢铸造或锻造，不得采用钢板冲压成型。

2）水平杆曲板接头弧面轴心线与水平杆轴心线的垂直度允许偏差应为 1.0mm。

3）水平杆接头沿水平杆方向剪切承载力不应小于 50kN。

4）水平杆常用型号、规格、材质及质量，见表 11-2。

水平杆常用型号、规格、材质及质量 表 11-2

名称	常用型号	主要规格 （mm）	材质	理论质量 （kg）
	SPG-30	φ48.3mm×3.5mm×300	Q235	1.32
	SPG-60	φ48.3mm×3.5mm×600	Q235	2.47
水平杆	SPG-90	φ48.3mm×3.5mm×900	Q235	3.69
	SPG-120	φ48.3mm×3.5mm×1200	Q235	4.84
	SPG-150	φ48.3mm×3.5mm×1500	Q235	5.93
	SPG-180	φ48.3mm×3.5mm×1800	Q235	7.14

（2）间水平杆

间水平杆是用于双排脚手架的横向水平钢管构件，它的两端焊有插卡装置，与纵向水平杆通过插卡装置连接固定。间水平杆钢管及接头的材质、制造方式以及承载力等要求与水平杆相同，其常用型号、规格、材质及质量，见表 11-3。

间水平杆常用型号、规格、材质及质量　　　表 11-3

名称	常用型号	主要规格 （mm）	材质	理论质量 （kg）
间水平杆	JSPG-90	$\phi 48.3mm \times 3.5mm \times 900$	Q235	4.37
	JSPG-120	$\phi 48.3mm \times 3.5mm \times 1200$	Q235	5.52

（3）斜杆

1）斜杆按接头形式可分为专用外斜杆和内斜杆。专用外斜杆用于脚手架端部或外立面，两端焊有旋转式连接板接头；内斜杆用于脚手架内部，两端带有扣接头。斜撑按设置方向可分为水平斜杆和竖向斜杆。

2）斜杆钢管材质应为 Q235 级钢，接头为碳素铸钢铸造。

3）专用外斜杆常用型号、规格、材质及质量，见表 11-4。

专用外斜杆常用型号、规格、材质及质量　　　表 11-4

名称	常用型号	主要规格 （mm）	材质	理论质量 （kg）
专用外斜杆	XG-0912	$\phi 48.3mm \times 3.5mm \times 500$	Q235	6.33
	XG-1212	$\phi 48.3mm \times 3.5mm \times 1700$	Q235	7.03
	XG-1218	$\phi 48.3mm \times 3.5mm \times 2160$	Q235	8.66
	XG-1518	$\phi 48.3mm \times 3.5mm \times 2340$	Q235	9.30
	XG-1818	$\phi 48.3mm \times 3.5mm \times 2550$	Q235	10.04

4. 立杆连接套管与连接销

立杆连接套管材质应与立杆钢管一致。当立杆接长采用外插套时，外插套管壁厚不应小于 3.5mm；当采用内插套管时，内插套管壁厚不应小于 3.0mm。插套长度不应小于 160mm，焊接端插入长度不应小于 60mm，外伸长度不应小于 110mm，插套与立杆钢管间的间隙不应大于 2mm。

立杆连接销是立杆竖向承插接长的专用销子，其材质应为 Q235 级钢，直径 φ10，理论质量为 0.18kg。

5. 挑梁

挑梁是脚手架作业平台的挑出定型构件，包括外挑宽度为 300mm 的窄挑梁和外挑宽度为 600mm 的宽挑梁。挑梁常用的型号、规格、材质及质量，见表 11-5。

挑梁常用型号、规格、材质及质量 　　表 11-5

名称	常用型号	主要规格 （mm）	材质	理论质量 （kg）
窄挑梁	TL-30	φ48.3mm×3.5mm×300	Q235	1.53
宽挑梁	TL-60	φ48.3mm×3.5mm×600	Q235	8.60

6. 底座、托撑、扣件和脚手板

（1）碗扣式钢管脚手架所用的底座、垫板、扣件以及木脚手板、竹串片脚手板、竹笆脚手板的材质、规格和质量标准应符合扣件式钢管脚手架中的相关要求。工具式钢脚手板必须有挂钩，并应带有自锁装置。

（2）对于可调托撑及可调底座，当采用实心螺杆时，其材质应为 Q235 级钢；当采用空心螺杆时，其材质应为 20 号无缝钢管。可调托撑 U 形托板和可调底座垫板的材质应为 Q235 级钢。

（3）可调托撑及可调底座的质量应符合以下规定：

1）调节螺母厚度不得小于 30mm。

2）螺杆外径不得小于 38mm，空心螺杆壁厚不得小于 5mm。

3）螺杆与调节螺母啮合长度不得少于 5 扣。

4）可调托撑 U 形顶托板厚度不得小于 5mm，可调底座垫座板厚度不得小于 6mm；螺杆与顶托板或垫座板应采用环焊并焊接牢固，焊缝高度不小于 6mm，并应设置加劲片或加劲拱度。

5）可调底座及可调托撑的受压承载力不应小于 100kN。

（4）可调底座及可调托撑常用型号、规格、材质及质量，见表 11-6。

可调底座及可调托撑常用型号、规格、材质及质量　表 11-6

名称	常用型号	主要规格 （mm）	材质	理论质量 （kg）
可调底座	KTZ-45	可调范围≤300		5.82
	KTZ-60	可调范围≤450		7.12
	KTZ-75	可调范围≤600		8.50
可调托撑	KTC-45	可调范围≤300		7.01
	KTC-60	可调范围≤450		8.31
	KTC-75	可调范围≤600		9.69

7. 构配件的外观质量

（1）钢管应平直光滑、无裂纹、无锈蚀、无分层、无结疤、无毛刺等，立杆不得采用横断面接长的钢管。

（2）铸造件表面应光整，不得有砂眼、缩孔、裂纹、浇冒口残余等缺陷，表面粘砂应清除干净。

（3）冲压件不得有毛刺、裂纹、氧化皮等缺陷。

（4）各部位焊缝应饱满，焊药应清除干净，不得有未焊透、夹砂、咬肉、裂纹 等缺陷。

（5）构配件表面宜进行浸漆或镀锌处理，涂层应均匀、牢靠；表面应光滑，在连接处不得有毛刺、滴瘤和多余结块。

（6）主要构配件上的生产厂标识应清晰。

8. 构配件加工制作质量应满足下列组架要求

（1）立杆的上碗扣应能上下窜动、转动灵活，不得有卡滞现象。

（2）立杆与立杆的连接孔处应能插入 φ10mm 连接销。

（3）碗扣节点在安装 1～4 个水平杆时，上碗扣应均能锁紧。

（4）当搭设不少于 2 步 3 跨 1.8m×1.8m×1.2m（步距×纵距×横距）的整体脚手架时，每一框架内水平杆与立杆的垂直度偏差应小于 5mm。

9. 构配件检查与验收

碗扣式钢管脚手架构配件进场检查与验收项目、质量要求、抽检数量和检查方法应符合表 11-7 的规定。

构配件外观质量检查表

表 11-7

序号	项目	要求	抽检数量	检查方法
1	钢管	表面应平直光滑，不应有裂缝、结疤、分层、错位、硬弯、毛刺、压痕和深的划痕及严重锈蚀等缺陷，严禁打孔	全数	目测
2		钢管内外壁宜浸漆或作镀锌处理	全数	目测
3		钢管外径、壁厚及允许偏差应满足现行国家标准《碗扣式钢管脚手架构件》GB 24911 的规定	3%	游标卡尺
4		外表面的锈蚀深度不大于 0.18mm	3%	游标卡尺
5		钢管两端面切斜偏差不大于 1.70mm	3%	塞尺、拐角尺
6		各种杆件钢管的端部弯曲不大于 5mm（端部弯曲段不大于 1.5m）	3%	钢板尺
7		立杆钢管弯曲不大于 12mm(3m<L≤4m) 不大于 20mm(4m<L≤6.5m)	3%	钢板尺
8		水平杆、斜杆的钢管弯曲不大于 30mm（L≤6.5m）	3%	钢板尺
9	上下碗扣	碗扣的铸造件表面应光滑平整，不得有砂眼、缩孔、裂纹等缺陷，表面粘砂应清除干净	全数	目测
10		冲压件不得有毛刺、裂纹、氧化皮等缺陷	全数	目测

序号	项目	要求	抽检数量	检查方法
11	上下碗扣	下碗扣的各焊缝应饱满，不得有未焊透、夹砂、咬肉、裂纹等缺陷	全数	目测
12		上碗扣应能上下窜动、转动灵活，不得有卡滞现象	全数	目测
13	立杆连接套管	焊缝应饱满，不得有夹渣、裂缝、开焊现象	全数	目测
14		套管长度、可插入长度允许偏差±5mm	3%	钢板尺
15		立杆与立杆的连接孔应能插入 ϕ10mm 连接销；安装水平杆时上碗扣均能锁紧	全数	目测
16	可调底座及可调托撑	可调底座及可调托撑螺杆外径不得小于38mm；螺杆与调节螺母啮合长度不得少于5 扣；螺母厚度不小于 30mm；螺杆与承力面钢板焊接环焊焊缝高度不小于 6mm；可调托撑 U 形顶托板厚度不得小于5mm；可调底座垫座板厚度不得小于6mm，顶托板弯曲变形不应大于 1mm	3%	游标卡尺、钢板尺、目测

10. 碗扣式钢管脚手架构造

（1）双排脚手架构造尺寸

常用设计尺寸的碗扣式钢管双排脚手架，当连墙件按 2 步 3 跨设置，并设置 2 层装修作业层、2 层作业脚手板、外挂密目安全立网封闭时，架体允许搭设高度 [H] 宜符合表 11-8 的规定。

碗扣式双排脚手架允许搭设高度 表 11-8

步距（m）	横距（m）	纵距（m）	允许搭设高度[H]（m） 基本风压值 ω_0（kN/m²）		
			0.4	0.5	0.6
1.8	0.9	1.2	60	55	50
		1.5	48	40	34

步距 (m)	横距 (m)	纵距 (m)	允许搭设高度 $[H]$ (m)		
			基本风压值 ω_0 (kN/m²)		
			0.4	0.5	0.6
1.8	1.2	1.2	55	50	45
		1.5	40	32	24

注：表中架体允许搭设高度的取值基于如下条件：

  1. 计算风压高度变化系数，按地面粗糙度为 C 类采用；

  2. 装修作业层施工荷载标准值按 2.0kN/m² 采用，脚手板自重标准值按 0.35kN/m² 采用；

  3. 作业层横向水平杆间距按照不大于立杆纵距的 1/2 设置；

  4. 当基本风压值、地面粗糙度和荷载标准值与上述条件不相符时，架体允许搭设高度应另行计算确定。

（2）立杆与水平杆

1）立杆底部应设置底座或垫板。

2）双排脚手架起步立杆应采用不同型号长度的杆件交错布置，架体相邻立杆接头应错开设置，不应设置在同步内。在立杆的底部碗扣处应设置一道纵向水平杆和横向水平杆作为扫地杆，扫地杆距离地面高度不应超过 400mm，水平杆和扫地杆应与相邻立杆连接牢固。如图 11-4 所示。

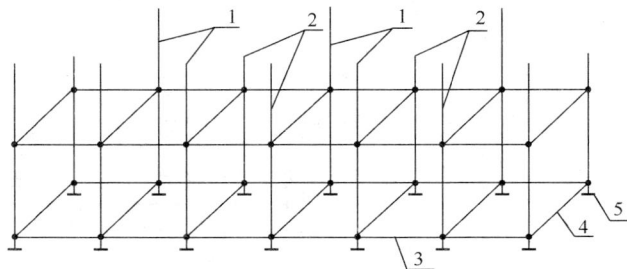

图 11-4　双排脚手架起步立杆布置示意图

1—第一种型号立杆；2—第二种型号立杆；3—纵向水平杆；

4—横向水平杆；5—立杆底座（垫板）

3）双排脚手架内立杆与建筑物距离不大于 150mm，当双排脚手架内立杆与建筑物距离大于 150mm 时，应采用脚手板或安全平网封闭。

4）当双排脚手架拐角为直角时，一般采用水平杆直接搭设；当双排脚手架拐角为非直角时，可采用钢管扣件进行过渡连接。如图 11-5 所示。

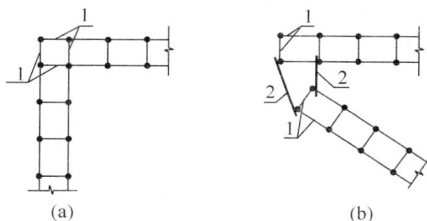

图 11-5　双排脚手架组架示意
（a）水平杆组架；（b）钢管扣件拐角组架
1—水平杆；2—钢管扣件

5）脚手架的水平杆应沿长度方向连续设置，不得缺失。

6）作业层横向水平杆间距应不大于立杆纵距的 1/2。

（3）连墙件

连墙件是脚手架与建筑物之间的连接件，除防止脚手架倾倒、承受偏心荷载和水平荷载外，还可以加强约束、提高脚手架的稳定性和承载能力。

碗扣式双排脚手架连墙件的基本构造形式和设置应符合以下要求：

1）同一层连墙件应设置在同一水平面，连墙点水平方向的间距不得超过三跨，竖向垂直间距不得超过三步。

2）连墙件应设置在靠近有横向水平杆的碗扣节点处，当采用钢管扣件作连墙件时，连墙件应与立杆连接，连接点距架体碗扣主节点距离不应大于 300mm。

3）当双排脚手架下部暂不能设置连墙件时，应采取可靠的防倾覆措施，但无连墙件的最大自由高度不得超过 6m。

（4）斜杆

1）当双排脚手架采用专用外斜杆作为斜向支撑时（图 11-6），应符合下列规定：

① 斜杆应设置在有纵向及横向水平杆的碗扣节点上。

② 在封闭型脚手架拐角处及开口型双排脚手架的两端应沿高度由底至顶连续设置竖向通高斜杆。

③ 当架体搭设高度不大于 24m 时，应每隔不大于 5 跨沿高度由底至顶连续设置一组竖向通高斜杆；当架体搭设高度大于 24m 时，应每隔不大于 3 跨沿高度由底至顶连续设置一组竖向通高斜杆。各组斜杆应对称设置。

④ 当斜杆临时拆除时，拆除前应在相邻立杆间设置相同数量的斜杆。

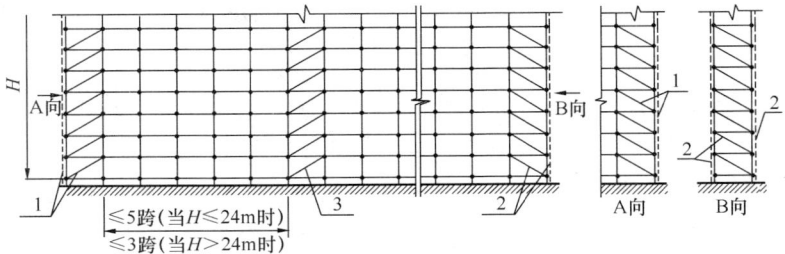

图 11-6 双排脚手架专用斜杆设置示意
1—拐角外斜杆；2—端部外斜杆；3—中间通高外斜杆

2）双排脚手架当采用钢管扣件剪刀撑作为斜向支撑时（图 11-6），应符合下列规定：

① 当架体搭设高度不大于 24m 时，应在架体外侧两端、转角及中间间隔不大于 15m 的立面上，各设置一道竖向剪刀撑，并由底至顶连续设置（图 11-7a）。

②当架体搭设高度大于 24m 时，应在脚手架外侧全立面连续设置竖向剪刀撑（图 11-7b）。

128

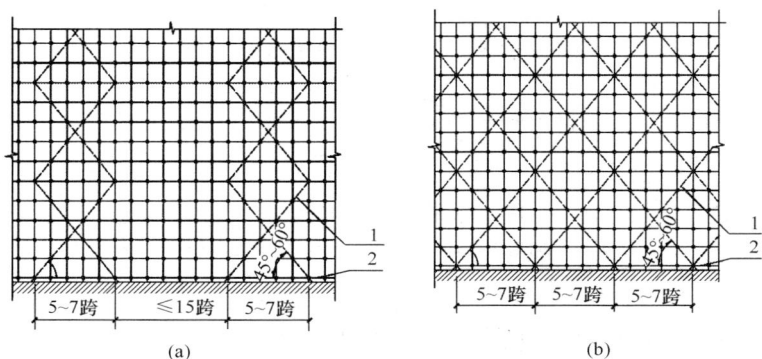

图 11-7　双排脚手架剪刀撑设置

（a）不连续剪刀撑设置；（b）连续剪刀撑设置

1—竖向剪刀撑；2—扫地杆

③ 剪刀撑跨越立杆跨数应为 5～7 跨。

3）钢管扣件剪刀撑杆件应符合下列规定：

① 竖向剪刀撑两个方向的交叉斜向钢管宜分别采用旋转扣件设置在立杆的两侧；

② 竖向剪刀撑斜向钢管与地面的倾角应在 45°～60°之间；

③ 剪刀撑杆件应每步与立杆扣接，扣接点距碗扣节点的距离不应大于 150mm；当出现不能与立杆扣接时，应与水平杆扣接；

④ 剪刀撑杆件接长应采用搭接，搭接长度不应小于 800mm，并应等距离设置不少于 2 个旋转扣件，且两端扣件应在离杆端不小于 100mm 处固定。

4）当架体搭设高度不大于 24m 时，双排脚手架可不设水平斜杆；当架体搭设高度大于 24m 时，顶部 24m 以下所有的连墙件设置层必须连续设置之字形水平斜杆，水平斜杆应设置在纵向水平杆之下（图 11-8）。

（5）脚手板、防护栏杆与安全网

双排脚手架应设置作业层。当选用窄挑梁或宽挑梁设置作业

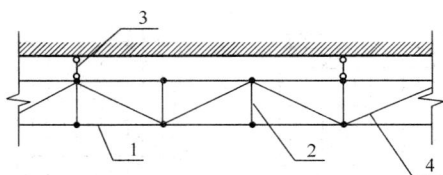

图 11-8　水平之字形斜杆设置示意
1—纵向水平杆；2—横向水平杆；3—连墙件；
4—水平之字形斜杆

平台时，挑梁应单层挑出，严禁增加层数。

1）脚手板

作业层脚手板的设置应符合以下要求：

① 脚手板应铺满、铺稳、铺实。

② 工具式钢脚手板应与作业层横向水平杆锁紧，严禁未加固定放置在水平杆上；木脚手板、竹串片脚手板、竹笆脚手板两端应与水平杆绑牢。

③ 作业层相邻两根横向水平杆间应加设间水平杆，脚手板探头长度不应大于 150mm。

2）防护栏杆

防护栏杆设置应符合以下要求：

① 立杆碗扣节点间距按 0.6m 模数设置时，作业层外侧应在立杆 0.6m 及 1.2m 高的碗扣节点处搭设两道防护栏杆；立杆碗扣节点间距按 0.5m 模数设置时，应在立杆 0.5m 及 1.0m 高的碗扣节点处搭设两道防护栏杆。

② 外立杆的内侧应设置高度不低于 180mm 的挡脚板。

③ 立杆顶端防护栏杆一般要高出作业层 1.5m。

3）安全网

安全网的设置应符合以下要求：

① 双排脚手架架体外侧全立面应采用密目安全网进行封闭，网间连接应严密，密目安全网宜设置在脚手架外立杆的内侧，并应与架体绑扎牢固。密目安全网应为阻燃产品。

② 作业层脚手板下应采用安全平网兜底，以下每隔 10m 应采用安全平网封闭。

（6）门洞

当双排脚手架设置门洞时，应在门洞上部架设桁架托梁，门洞两侧立杆应对称加设竖向斜撑杆或剪刀撑，如图 11-9 所示。

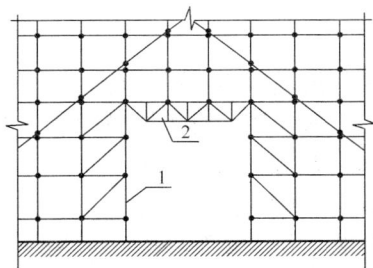

图 11-9 双排外脚手架门洞设置
1—双排脚手架；2—桁架托梁

（7）人行坡道

脚手架应设置人员上下专用梯道或坡道，如图 11-10 所示，并应符合下列规定：

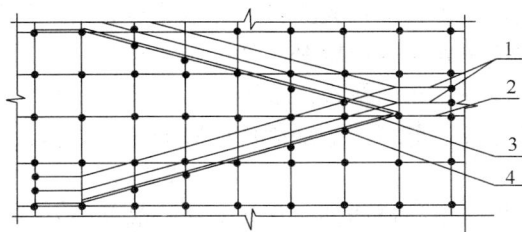

图 11-10 人行坡道设置
1—护栏；2—平台脚手板；3—坡道脚手板；4—增设水平杆

1）人行坡道的坡度不宜大于 1：1，人行坡道坡度不宜大于 1：3，坡面应设置防滑装置。

2）通道应与架体连接固定，宽度不应小于 900mm，并应在通道脚手板下增设水平杆，通道可折线上升。

3）通道两侧及转弯平台应按规定设置脚手板、防护栏杆和安全网。

第二节　碗扣式钢管脚手架搭设

1. 搭设顺序

碗扣式脚手架的搭设应当分段进行，每段搭设后必须经检查验收合格后，方可投入使用。脚手架搭设准备工作的有关要求可参照扣件式钢管脚手架搭设的准备工作。

脚手架组装以 3～4 人为一小组为宜，其中 1～2 人递料，另外两人共同配合组装，每人负责一端。组装时，可由一边向另边搭设，或从中间向两边推进，不能从两边向中间合拢组装，否则中间杆件会因两侧架子刚度太大而难以安装，脚手架搭设应按顺序进行，并应符合下列规定：

（1）双排脚手架搭设应按立杆、水平杆、斜杆、连墙件的顺序配合施工进度逐层搭设。一次搭设高度不应超过最上层连墙件两步，且自由长度不应大于 4m。

（2）模板支撑架应按先立杆、后水平杆、再斜杆的顺序搭设形成基本架体单元，并应以基本架体单元逐排、逐层扩展搭设成整体支撑架体系，每层搭设高度不宜大于 3m。

（3）斜撑杆、剪刀撑等加固件应随架体同步搭设，不得滞后安装。

（4）双排脚手架连墙件必须随架体升高及时在规定位置处设置；当作业层高出相邻连墙件以上两步时，在上层连墙件安装完毕前，必须采取临时拉结措施。

2. 搭设方法

模板支架在碗扣式脚手架中最为常见，以模板支架为例，简述碗扣式脚手架搭设方法。

（1）搭设程序

模板支架的基本搭设程序为：基础处理→放线定位→安放垫板及底座→竖立杆、安放扫地杆→安装第一步水平杆→设置连墙装置→接立杆→依次安装上部水平杆→随进度安装斜杆或剪刀撑→安放可调托撑。

（2）地基与基础

1）土层地基上应设置混凝土垫层，垫层混凝土强度等级不应低于 C15，厚度不应小于 100mm，如图 11-11 所示。当采用垫板代替混凝土垫层时，垫板宜采用厚度不小于 50mm、宽度不小于 200mm、长度不少于两跨的木垫板。排水沟 100mm 混凝土垫层原土换填或夯实。

2）混凝土结构层上的立杆底部应设置底座或垫板。

3）对承载力不足的地基土或混凝土结构层，应进行加固处理。

4）地基应平整，平整度偏差不得大于 20mm；场地应有排水或防水措施，不应有积水。

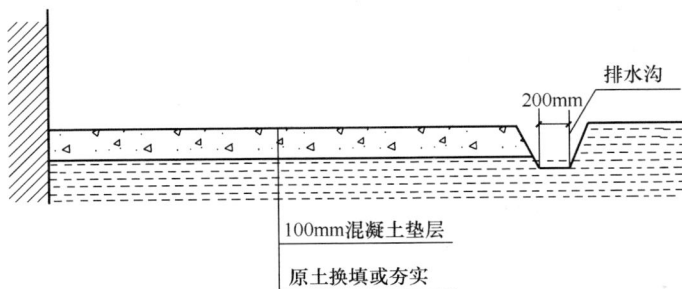

图 11-11　基础处理

（3）放线定位

处理好基础后，按照专项施工方案规定的立杆间距进行测量定位，并画出定位线。

（4）安放垫板及底座

垫板应准确地放置在定位线上，底座放在垫板上，不能偏离定位点中心，底座的轴线应当与地面垂直。

在地势不平的地基上，或者是高层的重载脚手架立杆采用可调底座，以便调整立杆的高度，使立杆的碗扣接头都分别处于同一水平面上。

（5）竖立杆

将立杆插入已经摆放好的底座上，确保完全插入并落在可调底座螺母上。设置底层立杆时，相邻两杆应使用不同的长度，避免立杆接头位置在同一高度。

在安装竖立杆时，应及时设置纵、横向扫地杆，将所竖立杆连成整体，以保证支架的整体稳定。

（6）安装第一步水平杆

安装水平杆时，先将立杆上碗扣滑至限位销以上并旋转，使其搁在限位销上，将水平杆接头插入立杆下碗扣，待纵横向水平杆接头全部装好后，落下上碗扣并予以顺时针旋转锁紧，将横杆与立杆牢固地连接在一起，形成框架结构。

（7）接立杆

立杆的接长是靠焊于立杆端部的外连接管承插而成。当底部立杆和水平杆安装完成后，可以往上接立杆，把上层立杆下端部的外连接套管插入下层立杆的顶部。接长时应注意立杆的垂直度。

（8）安装上部水平杆

按照第一步水平杆的安装方法，依次安装上部和顶层水平杆。纵、横向水平杆应连续设置，不得间断。

（9）安装斜杆与剪刀撑

斜杆或剪刀撑应随立杆和水平杆的搭设及时进行安装。

1）当用碗扣式系列斜杆时，斜杆应尽可能设置在框架节点上，装成节点斜杆；若斜杆不能设置在节点上时，应呈错节布置，装成非节点斜杆，如图 11-12 所示。

2）剪刀撑可以用扣件和钢管组合而成，并沿竖向和水平向连续设置。竖向剪刀撑两个方向的交叉斜向钢管宜分别采用旋转

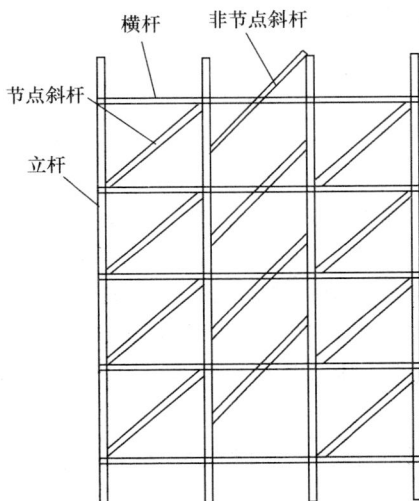

图 11-12　斜杆布置

扣件设置在立杆的两侧。剪刀撑杆件应每步与交叉处立杆或水平杆扣接，杆件接长应采用搭接。

（10）安装连墙装置

连墙装置应随架体搭设同步进行。当模板支架周围有主体结构时，应采取抱柱、支顶等措施及时进行可靠连接。连接点竖向和水平间距应符合《建筑施工碗扣式钢管脚手架安全技术规范》JGJ 166 相关规定要求。

（11）安装可调托撑

顶部水平杆设置完成后，将可调托座插入立杆顶部，其插入立杆长度不应小于 150mm，螺杆伸出立杆长度不宜大于 300mm，伸出顶层水平杆的悬臂长度不应超过 650mm，并保证螺杆与立杆钢管上下同心。

（12）搭设注意事项

1）立杆与水平杆、斜杆连接时，应确保碗扣接头上下锁紧。如发现上碗扣扣不紧，或限位销不能进入上碗扣螺旋面时，应当从以下方面查找原因：

① 立杆与水平杆是否垂直。

② 相邻的两个下碗扣是否在同一水平面上（即水平杆的水平度是否符合要求）。

③ 下碗扣与立杆的同轴度是否符合要求。

④ 下碗扣的水平面同立杆轴线的垂直度是否符合要求。

⑤ 水平杆及接头是否变形。

⑥ 水平杆接头的弧面中心线同水平杆轴线是否垂直。

⑦ 下碗扣内有无砂浆等杂物填充等。

如是装配原因，则应调整后锁紧；如是杆件本身问题，则应及时更换。

2）在多层楼板上连续搭设模板支撑架时，应分析多层楼板间荷载传递对架体和建筑结构的影响，上下层架体立杆宜对位设置。

3）每搭完一步架体后，应及时校正水平杆步距、立杆间距、立杆垂直度和水平杆水平度，保证架体搭设质量符合设计要求和标准规定。

3. 检查验收

（1）对双排脚手架应按下列施工进度和环节分阶段进行检查与验收，各阶段应按规范形成阶段检查验收记录，并应履行签字手续：

1）施工准备阶段，对进场构配件进行检查与验收。

2）在地基与基础施工完后、双排外脚手架搭设前，对地基与基础进行检查与验收。

3）首段搭设高度达到 6m 时，对架体进行检查与验收。

4）架体随施工进度升高，按结构层对架体进行检查与验收。

5）架体搭设高度大于 24m 时，在 24m 处或在设计高度 1/2 处，以及达到设计高度后，对架体进行全面检查与验收。

6）安全防护设施施工完成后，对安全防护设施进行检查验收。

（2）对模板支撑架应按下列施工进度和环节分阶段进行检查与验收，各阶段应按规范形成阶段检查验收记录，并应履行签字手续：

1）施工准备阶段，对进场构配件进行检查与验收。

2）在地基与基础施工完后、模板支撑架搭设前，对地基与基础进行检查与验收。

3）架体随施工进度升高应按每搭设完 4 步后对架体进行检查与验收。

4）搭设至设计高度后，对架体进行检查与验收。

5）对需进行预压试验的模板支撑架，在实施预压试验后，对预压试验结果进行检查与验收。

6）安全防护设施施工完成后、浇筑混凝土前，对安全防护设施进行检查与验收。

（3）双排脚手架在分阶段检查与验收合格的基础上，在投入使用前应进行总体检查与验收，按《建筑施工碗扣式钢管脚手架安全技术规范》JGJ 166—2016 要求形成总体检查验收记录，并应履行签字手续。

（4）模板支撑架在分阶段检查与验收合格的基础上，在投入使用前应进行总体检查与验收，按《建筑施工碗扣式钢管脚手架安全技术规范》JGJ 166—2016 要求形成总体检查验收记录，并应履行签字手续。

（5）脚手架验收合格投入使用后，在使用过程中应按下列规定进行例行检查，并及时解决存在的缺陷：

1）基础应无积水，基础周边排水有序，底座应无松动，立杆应无悬空。

2）基础应无明显沉降，架体应无明显变形。

3）水平杆、立杆、斜杆、剪刀撑、连墙件的连接点以及可调托撑、底座应无松动。

4）架体应无超载使用情况，不得与其他设施相连接或固定。

5）模板支撑架监测点应完好。

（6）脚手架在 6 级及 6 级以上大风、洪水、雷击、雨雪来临前，应组织专项检查，对可能造成坍塌事故的潜在隐患采取可靠的加固措施，并将人员撤离至安全区域。

（7）脚手架在使用过程中，当遇到下列异常情况后，则应进行全面检查，对检查发现的隐患应在整改后经检查确认符合使用前的验收条件时，并在形成检查验收记录后方可继续使用：

1）遇到 6 级及 6 级以上大风、大雨、大雪后；

2）冻结的地基土解冻后；

3）停用超过 1 个月后；

4）架体遭受外力撞击作用后；

5）架体拆除前；

6）寒冷和严寒地区冬期施工前；

7）其他可能影响架体结构稳定性的特殊情况发生后。

第三节　碗扣式钢管脚手架拆除

碗扣式钢管脚手架拆除的准备工作、警戒区设置、作业指挥、拆除程序等可参照扣件式脚手架有关拆除作业要求，作业时应严格遵守安全操作规程，并按照专项施工方案中规定的顺序进行拆除。

1. 双排脚手架的拆除作业，应符合下列规定：

（1）架体拆除应自上而下逐层进行，严禁上下层同时拆除。

（2）连墙件应随脚手架逐层拆除，严禁先将连墙件整层或数层拆除后再拆除架体。

（3）拆除作业过程中，当架体的自由端高度大于两步时，必须增设临时拉结件。

（4）双排脚手架的斜撑杆、剪刀撑等加固件应在架体拆除至该部位时，才能拆除。

2. 模板支架的拆除作业，应符合下列规定：

（1）架体拆除应符合现行国家标准《混凝土结构工程施工质

量验收规范》GB 50204—2019、《混凝土结构工程施工规范》GB 5066—2017 中混凝土强度的规定，拆除前应填写拆模申请单。

（2）预应力混凝土构件的架体拆除应在预应力施工完成后。

（3）架体的拆除顺序、工艺应符合专项施工方案的要求。

3. 当专项施工方案无明确规定时，应符合下列规定：

（1）应先拆除后搭设的部分，后拆除先搭设的部分。

（2）架体拆除必须自上而下逐层进行，严禁上下层同时拆除作业，分段拆除的高度不应大于两层。

（3）梁下架体的拆除，宜从跨中开始，对称地向两端拆除；悬臂构件下架体的拆除，宜从悬臂端向固定端拆除。

第四节　使用与安全管理

1. 碗扣式双排脚手架的使用应符合以下规定：

（1）脚手架作业层上的施工荷载不得超过设计允许荷载。防护脚手架应有限载标识。

（2）当在双排脚手架上同时有两个及以上操作层作业时，在同一跨距内各操作层的施工均布荷载标准值总和不得超过 5kN/m。

（3）脚手架使用期间，严禁擅自拆除架体主节点处的纵向水平杆、横向水平杆、纵向扫地杆、横向扫地杆和连墙件。

（4）严禁将模板支架、缆风绳、混凝土输送泵管、卸料平台及大型设备的附着件等固定在双排脚手架上。

2. 模板支架的使用应符合下列规定：

（1）浇筑混凝土应在签署混凝土浇筑令后进行。

（2）混凝土浇筑顺序应符合下列规定：

1）框架结构中连续浇筑立柱和梁板时，应按先浇筑立柱、后浇筑梁板的顺序进行。

2）浇筑梁板或悬臂构件时，应按从沉降变形大的部位向沉降变形小的部位顺序进行。

（3）模板支架在使用过程中，模板下严禁人员停留。

3. 当有下列情况之一时，宜按现行行业标准《钢管满堂支架预压技术规程》JGJ/T 194—2009 的规定，对模板支撑架及地基进行预压：

（1）承受重载或设计有特殊要求时。

（2）地基为不良地质条件时。

（3）拟浇筑构件跨度大、对线性荷载有要求时。

4. 当脚手架在使用过程中出现安全隐患时，应及时排除；当出现可能危及人身安全的重大隐患时，应停止架上作业，撤离作业人员，并应及时组织检查处置。

第十二章 承插型盘扣式钢管 (支架) 脚手架

　　承插型盘扣式钢管支架又称为承插式脚手架、盘扣式脚手架，与轮扣式脚手架的连接方式不同。承插式脚手架主要由立杆及横杆、斜杆构成，立杆上的连接盘有八个孔，四个小孔为横杆专用，四个大孔为斜杆专用。横杆、斜杆的连接方式均为插销式，可以确保杆件与立杆牢固连接，如图 12-1 所示。

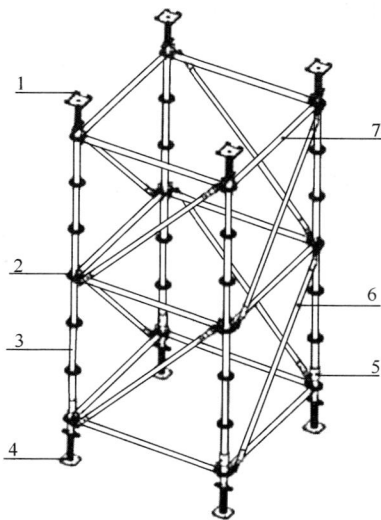

图 12-1　承插型盘扣式钢管支架
1—可调托撑；2—盘扣节点；3—立柱；4—可调底座；
5—基座；6—竖向斜杆；7—水平杆

承插式脚手架的主要特点为：（1）技术先进；（2）原材料升

级；（3）热镀锌工艺；（4）可靠的品质；（5）承载力大。主要的优势为：（1）安全稳固；（2）搭拆效率高，节省工期；（3）形象美观、提升工程形象；（4）无零配件丢失，杆件不易损坏；（5）可搭设多功能脚手架。

第一节　承插型盘扣式钢管脚手架构配件及构造

承插式脚手架分为标准型和重型两种，主要构配件有钢管立杆（包括连接盘和竖向连接管）、水平杆（包括扣接头、插销）、斜杆（包括扣接头、插销）、立杆连接杆和连接销、可调底座垫板、可调托撑和脚手板等。盘扣节点是承插式脚手架系统的核心部件，它由焊接于立杆上的连接盘、水平杆杆端扣接头和斜杆杆端扣接头等组成，如图 12-2 所示。

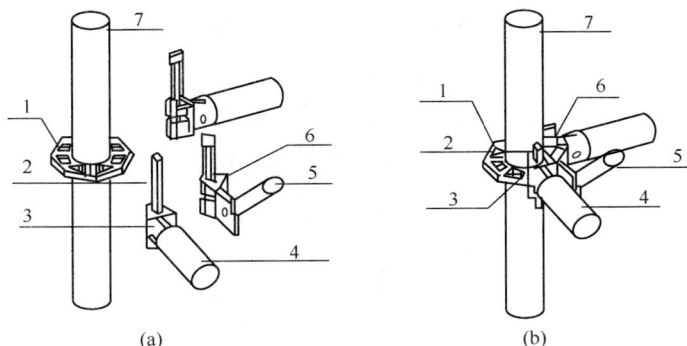

(a)　　　　　　　　(b)

图 12-2　盘扣节点
1—连接盘；2—插销；3—水平杆杆端扣接头；4—水平杆
5—斜杆；6—斜杆杆端扣接头；7—立杆

1. 底座与托座

（1）底座

底座是安装在立杆底端可以调节高度的构件，有效长度300mm，整体热镀锌处理，如图 12-3(a) 所示。

（2）托座

托座是安装在立杆顶端可调节高度的顶托，有效长度450mm，整体热镀锌处理，如图12-3（b）所示。

（3）可调底座和可调托座的丝杆宜采用梯形牙，A型立杆宜配置 ϕ48 丝杆和调节手柄，丝杆外径不应小于46mm；B型立杆宜配置 ϕ38 丝杆和调节手柄，丝杆外径不应小于36mm。

（4）可调底座的底板和可调托座托板厚度不应小于5mm，允许尺寸偏差应为 $\pm$0.2mm，承力面钢板长度

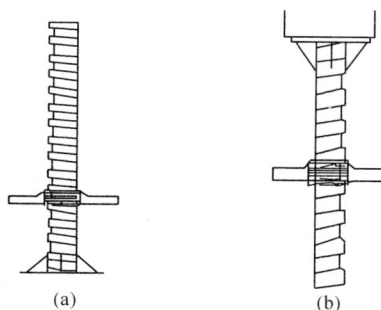

图 12-3　可调底座和顶托
（a）可调底座；（b）可调顶托

和宽度均不应小于150mm；承力面钢板与丝杆应采用环焊，并应设置加劲片或加劲拱度；可调托座托板应设置开口挡板，挡板高度不应小于40mm。

（5）可调底座及可调托座丝杆与螺母旋合长度不得小于5扣，螺母厚度不得小于30mm，可调托座和可调底座插入立杆内的长度不小于150mm。

（6）标准型架的可调底座和可调托撑丝杆的外径为38mm；重型架的可调底座和可调托撑丝杆的外径为48mm。

2. 杆件

（1）立杆

立杆是杆上焊接有连接盘和连接套管的竖向支撑杆件，其盘扣节点间距一般按 0.5m 模数设置。标准型架的立杆钢管的外径应为 48.3mm，重型架的立杆钢管的外径应为 60.3mm。立杆共有 7 种规格，其长度分别为 500～4000mm 不等，如图 12-4 所示。

连接盘与立杆焊接固定时，连接盘盘心与立杆轴心的不同轴

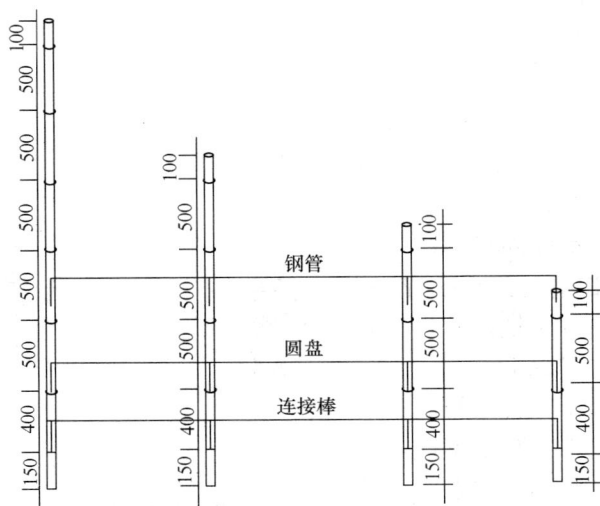

图 12-4 立杆

距不应大于 0.3mm；以单侧边连接盘外边缘处为测点，盘面与立杆纵轴线正交的垂直度偏差不应大于 0.3mm。

（2）水平杆

水平杆的两端焊接有扣接头，可与立杆扣接。水平杆长度通常按 0.3m 模数设置，无论是标准型架或是重型架，水平杆的外径均为 48.3mm。水平杆长度 300～3000mm，共有 10 种规格，如图 12-5 所示。

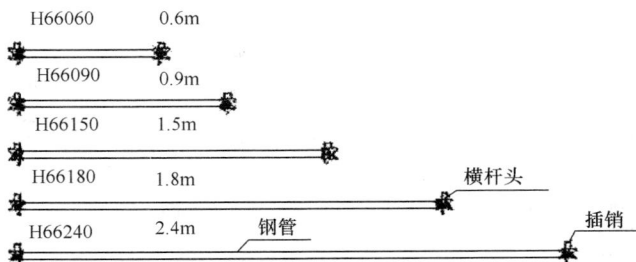

图 12-5 水平杆

（3）斜杆

斜杆的两端装配有扣接头，可与立杆上的连接盘扣接。其中水平方向的斜杆为水平斜杆，竖直方向的斜杆为竖向斜杆，连接于架体竖向格构的对角线上，与立杆、水平杆形成三角形结构。水平斜杆的外径应为 48.3mm；竖向斜杆的外径可为 33.7mm、38mm、42.4mm 和 48.3mm。

3. 连接盘

（1）连接盘是焊接在立杆上可扣接 8 个方向扣接头的八边形或圆环形 8 孔板，如图 12-6 所示。

（2）铸钢或钢板热锻制作的连接盘的厚度不应小于 8mm，允许尺寸偏差应为 ±0.5mm；钢板冲压制作的连接盘厚度不应小于 10mm，允许尺寸偏差应为 ±0.5mm。

图 12-6　连接盘

4. 扣接头

（1）位于水平杆和斜杆杆件端头，用于与立杆上的连接盘扣接的部件，如图 12-6 所示。

（2）铸钢制作的杆端扣接头应与立杆钢管外表面形成良好的弧面接触，并应有不小于 $500mm^2$ 的接触面积。

5. 插销

（1）装配在扣接头内，用于固定扣接头与连接盘的专用楔形部件，如图 12-6 所示。

（2）楔形插销的斜度应确保楔形插销楔入连接盘后能自锁，铸钢、钢板热锻或钢板冲压制作的插销厚度不应小于 8mm，允许尺寸偏差应为±0.1mm。

（3）插销外表面应与水平杆和斜杆杆端扣接头内表面吻合，插销连接应保证锤击自锁后不拔脱，抗拔力不得小于 3kN。

（4）插销应具有可靠防拔脱构造措施，且应设置便于目视检查楔入深度的刻痕或颜色。

6. 立杆连接套管

（1）立杆连接套管是固定于立杆一端，用于立杆竖向接长的外套管或内插管，如图 12-7 所示。

图 12-7　立杆连接套管

（2）立杆连接套管可采用铸钢套管或无缝钢管套管。采用铸钢套管形式的立杆连接套长度不应小于 90mm，可插入长度不应小于 75mm；采用无缝钢管套管形式的立杆连接套长度不应小于 60mm，可插入长度不应小于 110mm。套管内径与立杆钢管外径间隙不应大于 2mm。

（3）立杆与立杆连接套管应设置固定立杆连接件的防拔出销孔，销孔孔径不应大于 14mm，允许尺寸偏差应为±0.1mm；立杆连接件直径宜为 12mm，允许尺寸偏差应为±0.1mm。

7. 脚手板

脚手板一般采用钢、木、竹等材料制作，单块脚手板的质量不宜大于 30kg。

8. 构配件进场验收

（1）构配件应有产品标识和产品质量合格证书以及产品主要技术参数及产品使用说明书。

（2）构配件外观质量应符合下列要求：

1）钢管应无裂纹、锈蚀、分层、结疤、斜口和毛刺，不得采用对接焊接钢管。

2）钢管应平直，直线度允许偏差应为管长的 1/500。

3）铸件表面应光滑，不得有砂眼、缩孔、裂纹、浇冒口残余等缺陷，表面粘砂应清除干净。

4）冲压件不得有毛刺、裂纹、氧化皮等缺陷。

5）各焊缝应饱满，焊药应清除干净，不得有未焊透、夹砂咬肉、裂纹等缺陷。

6）构配件镀锌涂层应均匀、牢固，连接处不得有滴瘤和结块。

（3）钢管外径及壁厚允许偏差应符合表 12-1 的规定。

钢管外径及壁厚允许偏差 表 12-1

序号	名称	外径 D（mm）	壁厚 t（mm）	外径允许偏差（mm）	壁厚允许偏差（mm）
1	立杆	60.3	3.2	±0.3	±0.15
		48.3	3.2	±0.3	±0.15
2	水平杆、水平斜杆	48.3	2.5	±0.5	±0.2
3	竖向斜杆	48.3	2.5	±0.5	±0.2
		42.4	2.5	±0.5	±0.15
		38	2.5	±0.5	±0.15
		33.7	2.3	±0.5	±0.15

（4）主要构配件的制作质量及形位公差应符合表 12-2 的
要求。

主要构配件的制作质量及形位公差要求　　　　表 12-2

构配件 名称	检查项目	公称尺寸 （mm）	允许偏差 （mm）	检测量具
立杆	长度	—	±0.7	钢卷尺
	连接盘间距	500	±0.5	钢卷尺
	杆件直线度	—	$L/1000$	专用量具
	杆端面对轴线垂直度	—	0.3	角尺
	连接盘与立杆同轴度	—	0.3	专用量具
水平杆	长度	—	±0.5	钢卷尺
	扣接头平行度	—	≤1.0	专用量具
水平斜杆	长度	—	±0.5	钢卷尺
	扣接头平行度	—	≤1.0	专用量具
竖向斜杆	两端螺栓孔间距	—	≤1.5	钢卷尺
可调托撑	托板厚度	5	±0.2	游标卡尺
	加劲片厚度	4	±0.2	游标卡尺
	丝杆外径	$\phi48, \phi38$	±0.5	游标卡尺
可调托撑	底板厚度	5	±0.2	游标卡尺
	丝杆外径	$\phi48, \phi38$	±0.5	游标卡尺
挂扣式钢脚手板	挂钩圆心间距	—	±2	钢卷尺
	宽度	—	±3	钢卷尺
	高度	—	±2	钢卷尺
挂扣式钢梯	挂钩圆心间距	—	±2	钢卷尺
	梯段宽度	—	±3	钢卷尺
	踏步高度	—	±2	钢卷尺
挡脚板	长度	—	±2	钢卷尺
	宽度	—	±2	钢卷尺

（5）当对支架及构配件质量有疑问时，应进行质量抽检和

实验。

9. 作业脚手架构造

（1）构造尺寸

1）搭设承插式作业脚手架时，搭设高度不宜大于 24m。

2）架体几何尺寸根据使用要求选择，相邻水平杆步距宜选用 1.5m 或 2m，且不宜超过 2m；立杆纵距宜选用 1.5m 或 1.8m，且不宜大于 2.1m，立杆横距宜选用 0.9m 或 1.2m。

（2）杆件

1）立杆

脚手架首层立杆宜采用不同长度的立杆交错布置，错开立杆竖向距离不应小于 500mm，脚手架立杆底部通常应配置可调底座或垫板。当地基高差较大时，可利用立杆 0.5m 节点位差配合可调底座进行调整。

2）水平杆与水平斜杆

水平杆应根据施工方案计算得出的立杆纵向、横向间距选用定长的水平杆。最底层水平杆作为扫地杆，离地高度不应大于 550mm。作业脚手架的每步水平杆层，当无挂扣钢脚手架板加强水平层刚度时，应每 5 跨设置水平斜杆，如图 12-8 所示。

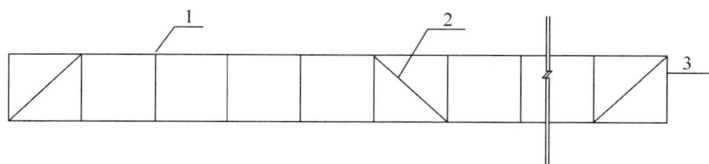

图 12-8 双排脚手架水平斜杆设置
1—立杆；2—水平斜杆；3—水平杆

3）竖向斜杆

双排脚手架的外侧立面上应设置竖向斜杆，并应符合下列要求：

① 在脚手架的转角处、开口型脚手架端部应由架体底部至顶部连续设置斜杆。

② 每隔不大于 5 跨应设置一道竖向或斜向连续斜杆，如图 12-9 所示；架体搭设高度在 24m 以上时，应每隔不大于 3 跨设置一道竖向斜撑杆。

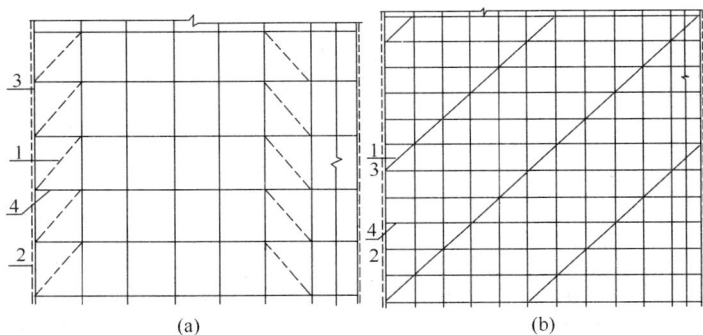

图 12-9　斜杆搭设示意图

(a) 每 5 跨设置一道竖向斜杆；(b) 每 5 跨设置一道斜向连续斜杆

1—斜杆；2—立杆；3—两端竖向斜杆；4—水平杆

③ 竖向斜杆应在双排脚手架外侧相邻立杆间由底至顶按步连续设置。

(3) 连墙件

连墙件必须采用可承受拉压荷载的刚性杆件，连墙件与脚手架立面及墙体应保持垂直，同一层连墙件宜在同一平面，水平间距不应大于 3 跨，与主体结构外侧面距离不宜大于 300mm。连墙件应设置在有水平杆的盘扣节点旁，连接点至盘扣节点距离不应大于 300mm；采用钢管扣件作连墙杆时，连墙杆应采用直角扣件与立杆连接。当脚手架下部暂不能搭设连墙件时，宜外扩搭设多排脚手架并设置斜杆形成外侧斜面状附加梯形架，待上部连墙件搭设后方可拆除附加梯形架。

(4) 转角

在转角部位若无法通过脚手架自身杆件连接时，须在脚手架内外侧按步设置水平连接杆，将转角处支架连成整体，水平连接杆应采用扣件与脚手架立杆及水平杆扣紧，其规格应与水平杆相同。

（5）门洞

当设置双排脚手架人行通道时，应在通道上部架设支撑横梁，横梁截面大小应按跨度以及承受的荷载计算确定，通道两侧脚手架应加设斜杆；洞口顶部应铺设封闭的防护板，两侧应设置安全网；通行机动车的洞口，必须设置安全警示和防撞设施。

（6）脚手板与防护栏杆

作业层脚手板应铺满、铺稳、铺实。钢脚手板的挂钩必须完全扣在水平杆上，挂钩必须处于锁住状态。作业层的脚手板架体外侧应设挡脚板、防护栏杆，并应在脚手架外侧立面满挂密目安全网；防护上栏杆宜设置在离作业层高度为 1000mm 处，防护中栏杆宜设置在离作业层高度为 500mm 处。当脚手架作业层与主体结构外侧面间隙较大时，应设置挂扣在连接盘上的悬挑三脚架，并应铺放能形成脚手架内侧封闭的脚手板。

第二节　作业脚手架搭设与拆除

1. 搭设准备及程序

（1）搭设前应做好下列准备工作

1）脚手架施工前应根据施工对象情况、地基承载力、搭设高度，按《建筑施工承插型盘扣式钢管支架安全技术规程》JGJ 231—2010 的基本要求编制专项施工方案，并应经审核批准后实施。

2）搭设操作人员必须经过专业技术培训和专业考试合格后，持证上岗。脚手架搭设前，施工管理人员应按专项施工方案的要求对操作人员进行技术和安全作业交底。

3）进入施工现场的钢管支架及构配件质量应在使用前进行复检。

4）经验收合格的构配件应按品种、规格分类码放，并应标挂数量规格铭牌备用。构配件堆放场地应排水畅通、无积水。

5）当采用预埋方式设置脚手架连墙件时，应提前与相关部门协商，并应按设计要求预埋。

6）脚手架搭设场地必须平整、坚实、有排水措施。

（2）脚手架搭设应按顺序进行，并应符合下列规定：

1）脚手架立杆应定位准确，并应配合施工进度搭设，一次搭设高度不应超过相邻连墙件以上两步。

2）连墙件应随脚手架高度上升在规定位置处设置，不得任意拆除。

3）加固件、斜杆应与脚手架同步搭设。采用扣件钢管做加固件、斜撑时应符合现行行业标准《建筑施工扣件式钢管脚手架安全技术规范》JGJ 130 的有关规定。

4）当脚手架搭设至顶层时，外侧防护栏杆高出顶层作业层的高度不应小于 1500mm。

5）当搭设悬挑外脚手架时，立杆的套管连接接长部位应采用螺栓作为立杆连接件固定。

6）脚手架可分段搭设、分段使用，应由施工管理人员组织验收，并应确认符合方案要求后使用。

（3）脚手架组装以 3～4 人为一小组为宜，其中 1～2 人递料，另外两人共同配合组装，每人负责一端。组装时，可由一边向另一边搭设，或从中间向两边推进，不能从两边向中间合拢组装，否则中间杆件会因两侧架子刚度太大而难以安装。

2. 搭设方法

双排脚手架搭设顺序：基础处理→测量定位及安放垫板和可调底座→搭设立杆、第一层水平杆、调水平→搭设第二层水平杆、第一层斜杆→安装上层立杆、水平杆、斜杆→同步搭设连墙件、剪刀撑→设置防护栏杆与脚手板→挂设安全网。

（1）基础处理

1）土层地基上应设置混凝土垫层，垫层混凝土强度等级不应低于 C15，厚度不应小于 100mm。当采用垫板代替混凝土垫层时，垫板宜采用厚度不小于 50mm、宽度不小于 200mm、长度不少于两跨的木垫板。

2）混凝土结构层上的立杆底部应设置底座或垫板。

3）对承载力不足的地基土或混凝土结构层，应进行加固处理。

4）地基应平整，平整度偏差不得大于 20mm；场地应有排水或防水措施，不应有积水。

（2）测量定位及安放垫板和可调底座

1）处理好基础后，按照专项施工方案规定的立杆跨距和横距进行测量定位，并画出定位线。

2）垫板应准确地放置在定位线上，底座放在垫板上，不能偏离定位点中心，底座的轴线应当与地面垂直，垫板的长度不宜少于 2 跨。

3）当地基高差较大时，可利用立杆节点位差配合可调底座进行调整。

（3）安装立杆套筒

将立杆套筒套入可调底座上方，基座下缘需完全置入扳手受力平面的凹槽内，如图 12-10 所示。

（4）安装第一层（底层）水平杆

在离地高度不大于 550mm 处安装第一层（底层）水平杆将水平杆头套入圆盘小孔位置使水平杆头前端抵住立杆圆管，再以斜楔贯穿小孔敲紧固定，保证锤击自锁后不拔脱。插销连接时一般用不小于 0.5kg 的锤子连续敲击 2 次，使扣接头端部弧面与立杆外表面贴合，直至插销锁紧。锁紧后应保证再次击打时，插销下沉量不大于 2mm。如图 12-11 所示。

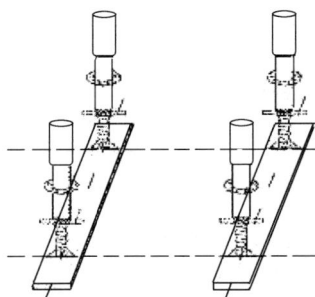

图 12-10　安放立杆套筒

（5）安装基础立杆

将基础立杆长端插入基座的套筒中，通过检查孔位置查看基础立杆是否插至套筒底部。基础立杆为未加装（连接棒）的立杆，仅在第一层搭接使用，如图 12-12 所示。

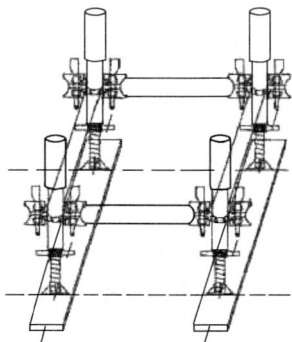

图 12-11　第一层水平杆安装　　图 12-12　基础立杆安装

（6）第二层水平杆

根据设计步距，依照上述步骤（4）安装第二层水平杆，如图 12-13 所示。

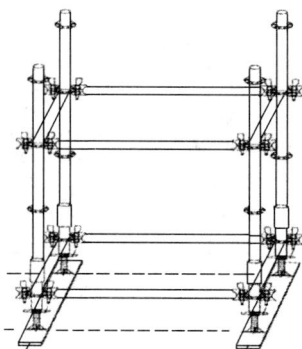

图 12-13　第二层水平杆安装

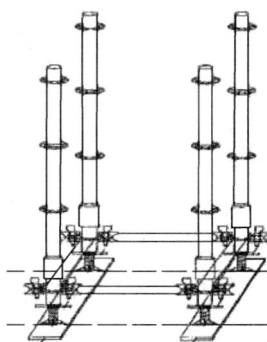

（7）竖向斜杆

在架体转角处、开口架端部及其他设计位置，将竖向斜杆全部依顺时针或全部依逆时针方向，套入立杆连接盘大孔位置，使竖向斜杆头前端抵住立杆圆管，再以斜楔贯穿大孔敲紧固定。安装时注意竖向斜杆具有方向性，方向相反即无法搭接。

（8）立杆连接

立杆以内插管（连接棒）进行连接，将连接棒插入下层管中即可。立杆连接时，内插管和外套管的检查孔务必对齐且方向一致，然后采用插销固定。

154

（9）安装上部水平杆及竖向斜杆，如图 12-14 所示。

（10）搭设连墙件、设置作业层、挂设安全网

1）连墙件应从底层第一道水平杆处开始设置。当架体搭设到连墙件设计位置点处，及时在有水平杆的盘扣节点旁设置连墙件，并用直角扣件与立杆连接。当底层无法及时安装连墙件时，应通过外扩搭设多排脚手架、加设抛撑来稳固架体。

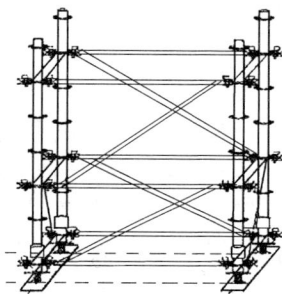
图 12-14　安装上部水平杆
及竖向斜杆

2）作业层满铺脚手板，外侧设挡脚板和防护栏杆，满挂密目安全网。作业层与主体结构间的空隙应设置内侧防护网。

3）当脚手架搭设至顶层时，外侧防护栏杆高出顶层作业层的高度不应小于 1500mm。

3. 架体拆除

（1）准备工作

1）脚手架应经单位工程负责人确认并签署拆除许可令后拆除。

2）拆除前应进行安全技术交底。

3）拆除前应清理脚手架上的器具、多余的材料和杂物。

4）全面检查脚手架扣件连接、连墙件、支撑体系是否符合构造要求。

5）脚手架拆除时应划出安全区，设置警戒标志，派专人看管。

6）拆除的脚手架杆件及配件用安全的方式逐层拆除、分类、打包、运输装车，并保护现场物品安全。在拆除时做好协调、配合工作，禁止单人拆除较重杆件、配件。

7）脚手架拆除时，为使架体保持稳定，拆除的最小留置区段的高宽比不准大于 3：1，拆除的每根杆件都用安全绳和安全

钩放置地面，决不能抛掷。在每个步距内要先拆除斜杆，其次是横杆，最后将立杆拆除。

（2）拆除要求

1）脚手架拆除应按后装先拆、先装后拆的原则进行，即安全网→栏杆→脚手板→斜杆→水平杆→立杆，并从上而下逐层进行，严禁上下同时作业。

2）作业脚手架连墙件必须随脚手架逐层拆除，严禁先将连墙件整层或数层拆除后再拆架体。拆除作业过程中，分段拆除的高度差不应大于两步。如因作业条件限制出现高度差大于两步时，应增设连墙件加固。

第三节　模板支架构造

1. 构造尺寸

（1）承插式模板支架搭设高度不宜超过 24m；当超过 24m 时，应另行专门设计。

（2）模板支架搭设高度与窄边宽度之比宜控制在 3 以内，高宽比大于 3 的支架需增加构造补强措施。

2. 立杆

（1）立杆底部应设置底座或垫板，相邻立杆接头宜交错布置。

（2）可调底座调丝杆插入立杆长度不得小于 150mm，丝杆外露长度不宜大于 300mm。

（3）每根立杆的顶部应设置可调托撑。当被支撑的建筑结构底面存在坡度时，应随坡度调整架体高度，利用立杆节点位差增设水平杆，并配合可调托撑进行调整。

（4）可调托撑的设置应符合以下要求：

1）可调托撑伸出顶层水平杆或双槽钢托梁的悬臂长度严禁超过 650mm，且丝杆外露长度严禁超过 400mm，可调托撑插入立杆或双槽钢托梁长度不得小于 150mm。

2）可调托撑上主楞支撑梁应居中设置，接头宜设置在 U 形托板上，同一断面上主楞支撑梁接头数量不应超过 50％。

3. 水平杆

（1）模板支架的水平杆步距不应超过 1.5m。水平杆应按照立杆排架尺寸选用定长的杆件，并按步距均匀连续设置。

（2）高大模板支架最顶层的水平杆步距应比标准步距缩小一个盘扣间距。

（3）作为扫地杆的最底层水平杆离可调底座的底板高度不应大于 550mm。

4. 斜杆与剪刀撑

（1）当搭设高度不超过 8m 的满堂模板支架时，支架架体四周外立面向内的第一跨每层均应设置竖向斜杆，架体整体底层以及顶层均应设置竖向斜杆，并应在架体内部区域每隔 5 跨由底至顶纵、横向均设置竖向斜杆或采用扣件钢管搭设的剪刀撑。当满堂模板支架的架体高度不超过 4 个步距时，可不设置顶层水平斜杆；当架体高度超过 4 个步距时，应设置顶层水平斜杆或扣件钢管水平剪刀撑，如图 12-15 所示。

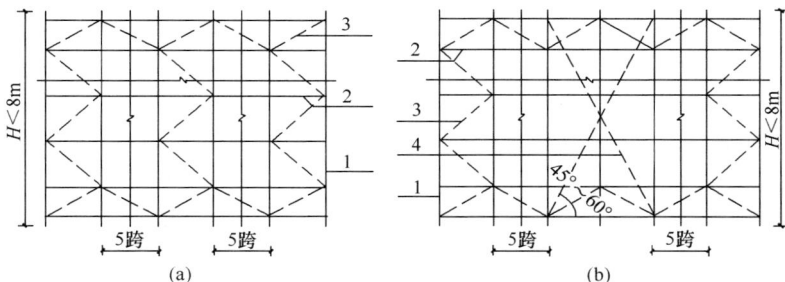

图 12-15　斜杆及剪刀撑设置立面图
（a）满堂架高度不大于 8m 斜杆设置立面图；
（b）满堂架高度不大于 8m 剪刀撑设置立面图
1—立杆；2—水平杆；3—斜杆；4—扣件钢管剪刀撑

（2）当搭设高度超过 8m 的模板支架时，竖向斜杆应满布设置，水平杆的步距不得大于 1.5m，沿高度每隔 4～6 个标准步距应设置水平层斜杆或扣件钢管剪刀撑。周边有结构物时，最好与周边结构形成可靠拉结。如图 12-16 所示。

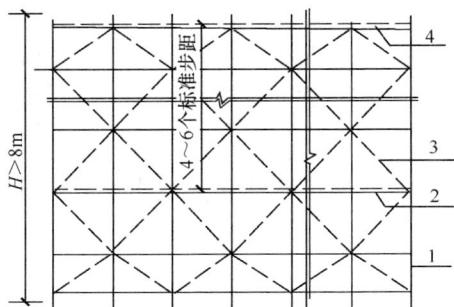

图 12-16　满堂架高度大于 8m 水平斜杆设置立面图
1—立杆；2—水平杆；3—斜杆；4—水平层斜杆或扣件钢管剪刀撑

（3）当模板支架搭设成无侧向拉结的独立塔状支架时，架体每个侧面每步距均应设竖向斜杆。当有防扭转要求时，在顶层及每隔 3～4 个步距应增设水平层斜杆或钢管水平剪刀撑。如图 12-17 所示。

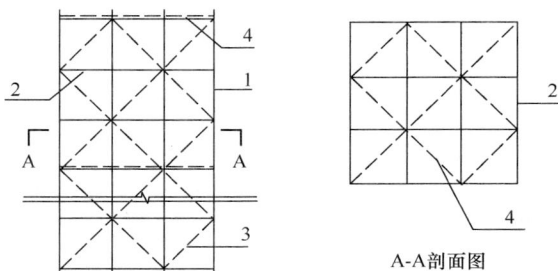

图 12-17　无侧向拉结塔状支架
1—立杆；2—水平杆；3—斜杆；4—水平层斜杆

5. 拉结固定

（1）模板支架周边有结构物时，应与周边结构可靠拉结。

（2）拉结点构造与连墙件结构类似。

6. 人行通道

当支架体内设置与单肢水平杆同宽的人行通道时，可间隔抽除第一层水平杆和斜杆形成施工人员进出通道，与通道正交的两侧立杆间应设置竖向斜杆；当支架体内设置与单肢水平杆不同宽人行通道时，应在通道上部架设支撑横梁。通道两侧支撑梁的立杆间距应根据计算设置，通道周围的支架应连成整体。洞口顶部应铺设封闭的防护板，两侧应设置安全网。通行机动车的洞口，必须设置安全警示和防撞设施，如图 12-18 所示。

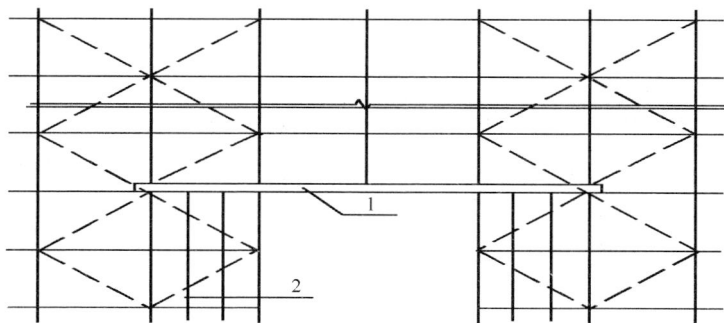

图 12-18　模板支架人行通道设置图
1—支撑横梁；2—立杆加密

第四节　模板支架搭设与拆除

1. 搭设程序及要求

（1）模板支架搭设程序：基础处理→测量放线→摆放垫板和底座→安装立杆套筒→安装扫地杆→安装立杆（接立杆）→安装水平杆→同步安装斜杆与剪刀撑→安装顶部可调托撑。

（2）模板支架搭设应符合以下要求：

1）模板支架立杆搭设位置应按专项施工方案放线确定。

2）模板支架搭设应按先立杆后水平杆再按斜杆的顺序搭设，形成基本的架体单元，应以此扩展搭设成整体支架体系。

3）立杆应通过立杆连接套管连接，在同一水平高度内相邻立杆连接套管接头的位置宜错开，且错开高度不宜小于75mm，模板支架高度大于8m时，错开高度不宜小于500mm。

4）水平杆扣接头与连接盘的插销应用铁锤击紧至规定插入深度的刻度线。

5）每搭完一步支模架后，应及时校正水平杆步距，立杆的纵、横距，立杆的垂直偏差和水平杆的水平偏差。立杆的垂直偏差不应大于模板支架总高度的1/500，且不得大于50mm。

6）在多层楼板上连续设置模板支架时，应保证上下层支撑立杆在同一轴线上。

2. 模板支架拆除

（1）模板支架拆除作业必须经批准后，方可进行施工。

（2）拆除作业应按后装先拆、先装后拆的原则进行，从顶层开始，逐层向下进行，严禁上下同时作业，严禁抛掷。

（3）分段、分立面拆除时，应确定分界处的技术处理方案，并应保证分段后架体稳定。

第五节 检 查 验 收

1. 作业脚手架检查验收

（1）作业脚手架应根据下列情况按进度分阶段进行检查和验收：

基础完工后及脚手架搭设前；作业层施加荷载前；首段高度达到6～8m后；架体随施工进度逐层升高时；搭设高度达到设计高度后；遇有六级强风及以上或大雨后、冻结地区解冻后；停用超过一个月。

（2）作业脚手架应重点检查和验收下列内容：

1）各种杆件的安装部位、数量、形式应符合设计要求，水平杆扣接头、斜杆扣接头与连接盘的插销销紧牢靠。

2）立杆基础不应有不均匀沉降，立杆可调底座与基础面的接触不应有松动和悬空现象。

3）上下两层立杆的连接检查孔必须紧密，通过观察上下主杆连接处或通过检查孔观察放大间隙应小于1mm。

4）连墙件设置应符合设计要求，应与主体结构、架体可靠连接。

5）外侧安全立网、内侧层间水平网的张挂及防护栏杆的设置应齐全、牢固，脚手板应铺满。

6）周转使用的支架构配件使用前应做外观检查，并做好记录。

（3）作业脚手架施工验收内容应按表12-3要求进行。

作业脚手架施工验收内容　　表12-3

架体验收内容	技术要求	抽检要求	评判标准
可调底托	插入立杆深度不小于150mm	全部核查	100%
	可调底托与地基接触良好，无虚接触现象	架体外围底托全检	100%
可调顶托	插入立杆深度不小于200mm，可调顶托与钢梁接触良好，无悬空现象	每跨抽检数量不少于30个	100%
立杆	立杆纵横向间距是否与方案一致	全部核查	100%
	竖向接长位置处接触情况，要求无错位	检查数量不少于30个	100%
横杆	横杆纵向横间距是否与方案一致	全部核查	100%
	横杆插销是否敲紧，横杆铸钢头是否与立杆紧贴	每层节点抽检数量30个	合格率90%
竖向斜杆	竖向斜杆布置位置是否与方案一致	全部核查	100%
	竖向斜杆插销是否敲紧，斜杆铸钢头是否与立杆面紧贴	每层节点抽检数量30个	合格率90%
扫地杆高度	扫地杆高度不大于550mm	全部核查	100%
连墙件	是否符合方案要求	全部核查	100%
护栏设置	是否符合方案要求	全部核查	100%

続表

架体验收内容	技术要求	抽检要求	评判标准
脚手板设置	是否符合方案要求	全部核查	100%
挡脚板设置	是否符合方案要求	全部核查	100%
人行梯架设置	是否符合方案要求	全部核查	100%
其他	抱柱层数满足方案要求	全部核查	100%
	水平剪刀撑层数与方案要求一致，水平斜杆夹角满足 45°～55°	全部核查	100%

2. 模板支架检查验收

（1）模板支架应根据下列情况按进度分阶段进行检查和验收：

1）基础完工后及支架搭设前。

2）超过 8m 的高支模每搭设完成 6m 高度后。

3）搭设高度达到设计高度后和混凝土浇筑前。

4）停用 1 个月以上，恢复使用前。

5）遇 6 级以上强风、大雨及冻结地区解冻后。

（2）对模板支架应重点检查和验收下列内容：

1）基础应平整坚实，立杆与基础间应无松动、悬空现象，底座、支垫应符合规定。

2）搭设的架体应符合设计要求，搭设方法和斜杆、钢管剪刀撑等设置应符合规定。

3）可调托撑和可调底座伸出水平杆的悬臂长度应符合设计限定要求。

4）水平杆扣接头、斜杆扣接头与连接盘的插销销紧牢靠。

（3）模板支架施工验收内容应按表 12-4 要求进行。

承插式模板支架施工验收内容及要求　　表 12-4

架体验收内容	技术要求	抽检要求	评判标准
可调底托	插入立杆深度不小于 150mm	全部核查	100%
	可调底托与地基接触完好，无虚接触现象	架体外围底托全检	100%

架体验收内容	技术要求	抽检要求	评判标准
可调顶托	插入立杆深度不小于200mm，可调顶托与钢梁接触良好，无悬空现象	每跨抽检数量不少于30个	100%
立杆	立杆纵横向间距是否与方案一致	全部核查	100%
	竖向接长位置处接触情况，要求无错位	检查数量不少于30个	100%
横杆	横杆纵向横间距是否与方案一致	全部核查	100%
	横杆插销是否敲紧，横杆铸钢头是否与立杆紧贴	每层节点抽检数量30个	合格率大于90%
竖向斜杆	竖向斜杆布置位置是否与方案一致	全部核查	100%
	竖向斜杆插销是否敲紧，斜杆铸钢头是否与立杆面紧贴	每层节点抽检数量30个	合格率大于90%
扫地杆高度	扫地杆高度不大于550mm	全部核查	100%
其他	抱柱层数满足方案要求	全部核查	100%
	水平剪刀撑层数与方案要求一致，水平斜杆夹角满足45°~55°	全部核查	100%

第六节　安全管理与维护

（1）模板支架和脚手架的搭设人员应持证上岗。

（2）支架搭设作业人员应正确佩戴安全帽、系好安全带和穿好防滑鞋。

（3）模板支架混凝土浇筑作业层上的施工荷载不应超过设计值。

（4）混凝土浇筑过程中，应派专人在安全区域内观测模板支架的工作状态，发生异常时观测人员应及时报告施工负责人，情况紧急时施工人员应迅速撤离，并应进行相应加固处理。

（5）模板支架及脚手架使用期间，不得擅自拆除架体结构杆件。如需拆除时，必须报请工程项目技术负责人以及总监理工程师同意，确定防控措施后方可实施。

（6）严禁在模板支架及脚手架基础开挖深度影响范围内进行挖掘作业。

（7）拆除的支架构件应安全地传递至地面，严禁抛掷。

（8）高支模区域内，应设置安全警戒线，不得上下交叉作业。

（9）在脚手架或模板支架上进行电气焊作业时，必须有防火措施和专人监护。

第十三章　悬挑脚手架

悬挑脚手架是我国建筑业在"九五"期间推广应用的十大新技术之一，它的优点是：适用范围广泛，不受施工场地及楼层高度限制，它主要用于建筑物外墙结构、建筑装饰施工的防护，有利于现场标准化施工，特别是在高层建筑中得到广泛应用。

悬挑脚手架是一种利用悬挑在建筑物上支撑结构搭设的脚手架。即当外墙作业脚手架不能从地面直接搭起，或者根据施工需要时，可以从某一楼层开始，由设置在楼面并突出到建筑物外墙之外的悬挑梁作为主要承载构件，在悬挑梁上再搭设脚手架，这种脚手架称之为悬挑脚手架，如图 13-1 所示。悬挑脚手架，必须编制专项施工方案，经企业技术负责人审批并签字盖章。架体高度 20m 及以上的悬挑脚手架工程须按《危险性较大的分部分项工程安全管理规定》（住房城乡建设部令第 37 号）组织专家论证。

悬挑脚手架在竖向荷载作用下，通过锚环将悬挑梁固定在楼板上，用来平衡悬挑荷载，也就是脚手架的自重及其施工荷载利用建筑结构边缘向外伸出的悬挑钢梁来支撑脚手架，将脚手架上的荷载传递到建筑物，一旦固定钢梁的钢环失效，则悬挑架就会垮塌。

尽管悬挑架体自身牢固不散架，而且在悬挑梁上也有可靠支撑，但仍然不能保持悬挑架的整体稳定，即在水平风荷载作用下，悬挑脚手架还有可能围绕外倾覆旋转点整体向外倾倒。因此，规范设置连墙件对于保证悬挑架的整体稳定性就显得非常重要。

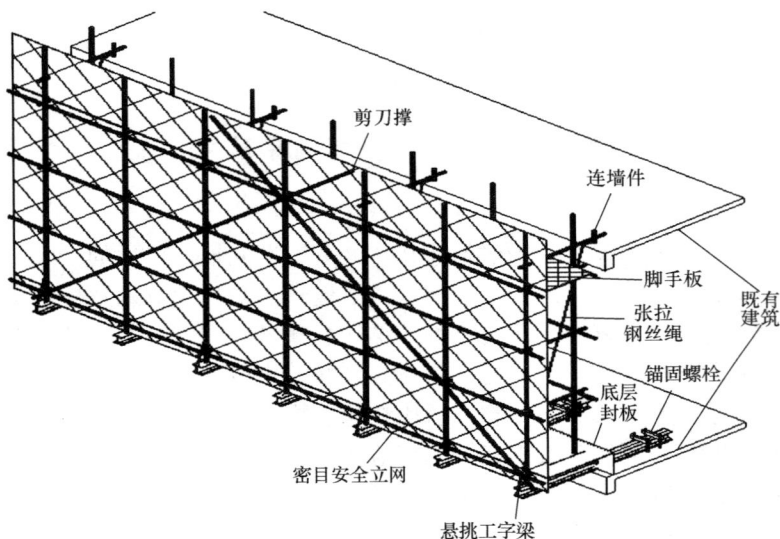

图 13-1 悬挑脚手架示意

第一节　构配件及构造

悬挑脚手架主要由悬挑梁（或悬挑架）、架体（包括立杆、水平杆、剪刀撑等）、斜拉钢丝绳（斜撑杆）、连墙件等组成。一般是多层悬挑，将全高的脚手架分成若干段，每段搭设高度不宜超过 20m。

悬挑脚手架的架体通常采用钢管脚手架结构，并以扣件式钢管脚手架最为常见，其构件包括立杆、纵横向水平杆、剪刀撑与斜撑、连墙件、脚手板、安全网等。悬挑脚手架的架体构造应符合以下要求：

（1）立杆的纵距和横距、水平杆的步距以及所有杆件的设置和连接方式应符合相关扣件式钢管脚手架的规定。

（2）悬挑架的外立面应自下而上连续设置剪刀撑；架体的转

角部位以及中间每隔 6 跨距设置一道横向斜撑。

（3）连墙件宜按"二步二跨"或"二步三跨"设置，如图 13-2 所示。连墙件应从第一步架开始设置。当第一步架设置有困难时，应采取其他可靠措施固定悬挑架。连墙件的做法可按照扣件式钢管脚手架中连墙件的设置要求进行。

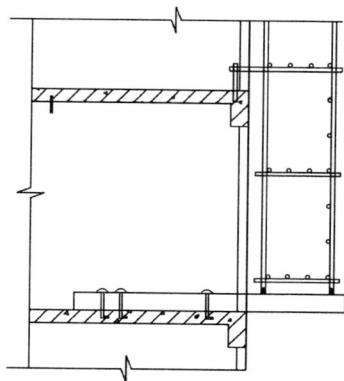

图 13-2　连墙件设置示意

悬挑架架体外围应用安全立网全封闭，并应按要求挂设安全平网，设置脚手板和防护栏杆。

悬挑梁脚手架主要有以下三种结构形式：

1. 斜拉式悬挑梁脚手架

斜拉式悬挑梁脚手架结构是在型钢的外端设置一根与建筑物连接的可调斜拉钢丝绳或斜拉杆，从而形成悬挑支撑结构。如图 13-3 所示。此种脚手架由于施工方便、可靠性好而被广泛使用。

2. 斜撑式悬挑梁脚手架

斜撑式悬挑梁脚手架结构是在型钢的下面设置一根斜撑杆，在悬挑梁上设置脚手架，从而形成悬挑支撑结构。如图 13-4 所示。

3. 悬臂式悬挑脚手架

悬臂式仅用型钢作为悬挑梁外挑，其悬臂长度与搁置长度之比不得小于 1：2。型钢采用预埋圆钢环箍或用电焊进行固定，

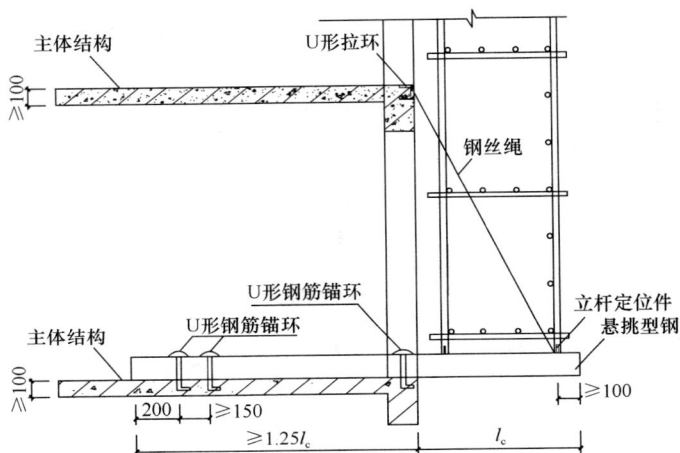

主体结构

U形拉环

钢丝绳

≥100

U形钢筋锚环

U形钢筋锚环

主体结构

立杆定位件

悬挑型钢

≥100

≥100

200   ≥150

≥1.25l_c

l_c

图 13-3　斜拉式悬挑梁脚手架示意

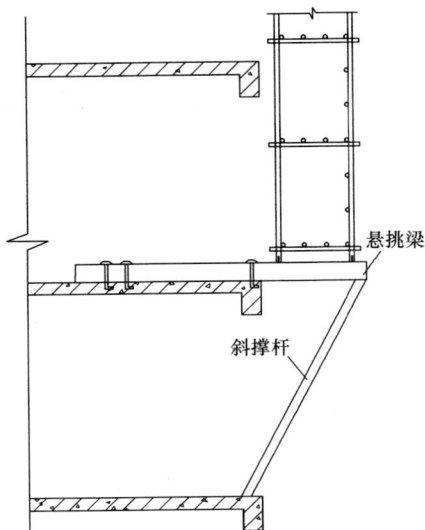

悬挑梁

斜撑杆

图 13-4　斜撑式悬挑梁脚手架示意图

168

从而形成悬挑支承结构，如图 13-5 所示。悬臂式脚手架搭设高度不宜超过 10m。

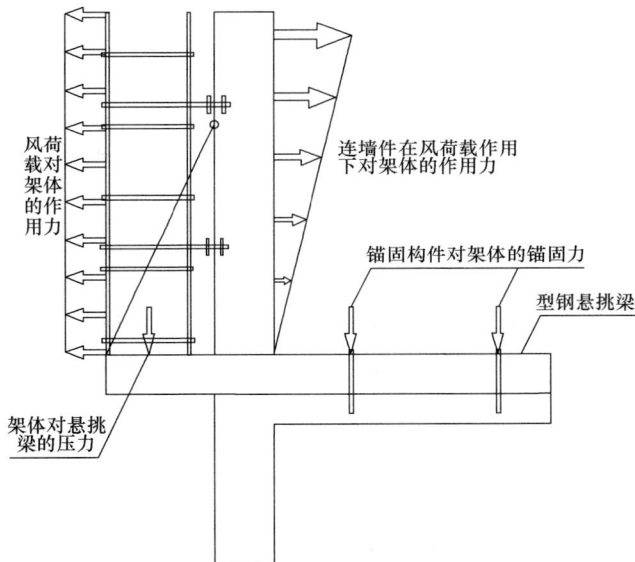

图 13-5　悬臂式悬挑梁脚手架示意

第二节　型钢悬挑梁

型钢悬挑梁主要用来承担上部脚手架及施工荷载。建筑施工工程中一般采用工字钢悬挑梁（轴心对称），不宜采用槽钢（易侧翻）。工字钢结构截面受力稳定性好，比其他型钢选购、设计、施工均较为方便。

型钢悬挑梁的设置应符合以下要求：

（1）悬挑梁宜采用热轧型钢，当采用工字形截面型钢时，其截面高度不应小于 160mm。

（2）悬挑钢梁悬挑长度一般情况下不超 2m，局部悬挑长度不宜超过 3m；固定段的长度不应小于悬挑段长度 l_c 的 1.25 倍；悬挑梁尾端锚固不少于两道，两道锚固件间距宜为 200mm，锚固件距离悬挑梁尾部距离不宜小于 200mm；悬挑式脚手架最外排立杆与悬挑梁端部距离不宜小于 100mm，如图 13-6、图 13-7 所示。

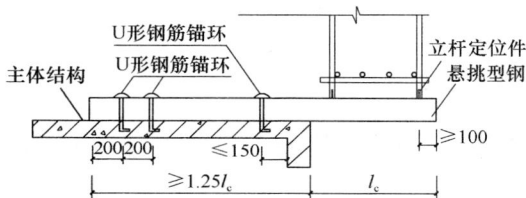

图 13-6　悬挑梁楼面构造示意图

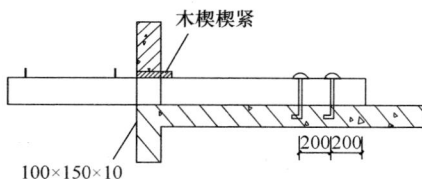

图 13-7　悬挑梁穿墙构造示意图

（3）建筑转角处悬挑梁构造可按照以下做法进行布置：

1）多根悬挑梁位置重叠时，宜采用预制混凝土垫块可靠支承后相互跨越。

2）建筑物角部斜向悬挑梁端部应双向设置限位型钢，限位型钢截面高度与悬挑梁腹板高度相等，且与悬挑梁腹板用坡口形式可靠焊接，如图 13-8 所示。

3）混凝土垫块厚度应与下层悬挑梁截面高度相同，长度不宜小于 400mm，宽度不宜小于 400mm，其混凝土强度等级不宜低于 C25 级。

4）不同梁的锚固螺栓，其螺孔最小间距不应小于 500mm。

5）悬挑梁不得由主体结构悬挑板（阳台）、梁支承。当悬挑

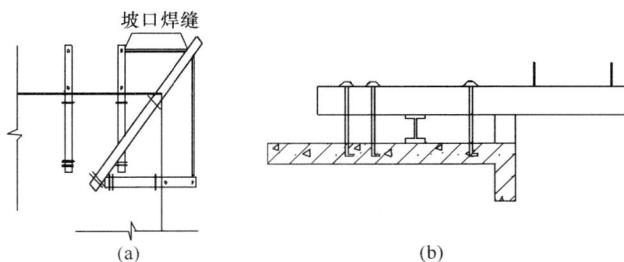

图 13-8 悬挑梁重叠部位构造做法

(a) 重叠部位平面图；(b) 重叠部位侧面图

段设置于建筑物悬挑构件上方时，应在锚固段梁底设置钢垫板，数量不小于 2 块，将悬挑梁架空，其构造如图 13-9 所示。钢垫板尺寸宜大于 200mm×200mm×10mm。

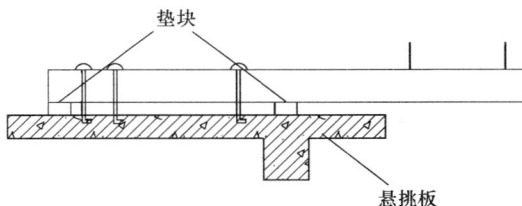

图 13-9 悬挑板处型钢梁做法

6）型钢悬挑梁悬挑端应设置能使脚手架立杆与钢梁可靠固定的定位点，定位点离悬挑梁端部距离不应小于 100mm。

7）悬挑梁间距应按悬挑架架体立杆纵距设置，每一纵距设置一根。

第三节 U 形钢筋拉环与锚固螺栓

1. U 形钢筋拉环与锚固螺栓

U 形钢筋拉环与锚固螺栓主要是用来锚固悬挑钢梁，使其保持稳定。U 形钢筋拉环与锚固螺栓的设置应符合以下要求：

（1）用于锚固悬挑梁的楼板厚度不宜小于 120mm。当锚固位置楼板厚度大于 120mm 时，可采用"埋入型"锚固结构；当锚固位置楼板厚度不大于 120mm 时，宜采用"穿板型"锚固结构。

（2）"埋入型"锚固结构的 U 形钢筋拉环或锚固螺栓应预埋至混凝土梁、板底层钢筋位置，并应与混凝土梁、板底层钢筋焊接或绑扎牢固，其锚固长度应符合现行国家标准《混凝土结构设计规范》GB 50010 中钢筋锚固的规定。用于锚固的 U 形钢筋拉环或螺栓应采用 HPB300 光圆钢筋制作并冷弯成型，且直径不小于 16mm。

（3）"穿板型"锚固结构需在楼板对应位置预留孔洞，下方垫板尺寸应根据悬挑梁的尺寸确定，厚度不宜小于 5mm，锚固螺栓直径不宜小于 18mm，如图 13-10 所示。

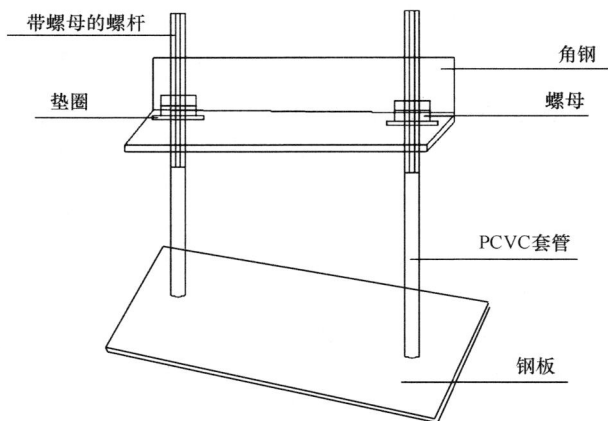

图 13-10　穿板型螺栓锚固构造示意图

2. 斜拉钢丝绳与拉结吊环

悬挑脚手架中常用钢丝绳来吊拉悬挑梁尾端。悬挑式脚手架中计算模型中不参与受力计算，只是作为一种安全储备。斜拉钢丝绳与拉结吊环的设置应符合以下要求：

（1）在悬挑梁与钢丝绳的吊拉位置应焊接钢筋拉环，钢丝绳可通过钢筋拉环与悬挑梁的前端连接。拉环应绕过钢梁上翼缘板焊接固定于腹板两侧，上部超过悬挑顶面长度宜为 30～50mm，焊接位置距离悬挑梁端部不小于 100mm。不得在悬挑梁腹板上打孔作为斜拉钢丝绳作用点。

（2）钢丝绳可采用预埋吊环与建筑结构进行拉结。吊环预埋锚固长度应符合现行国家标准《混凝土结构设计规范》GB 50010 中钢筋锚固的规定，如图 13-11 所示。

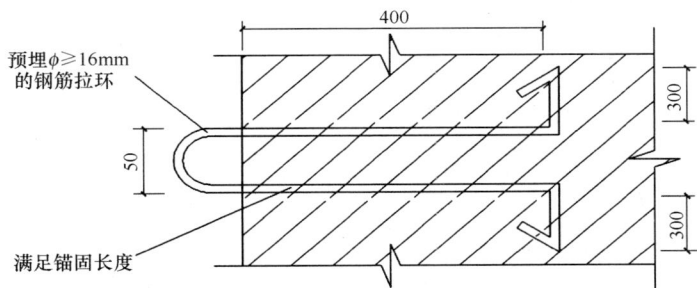

图 13-11　钢筋拉环锚固示意图

（3）钢筋拉环和预埋吊环位采用 HPB300 级光圆钢筋制作，直径不宜小于 20mm。

（4）斜拉钢丝绳直径不能小于 14mm，钢丝绳卡不得少于 3 个，钢丝绳与悬挑梁端部夹角不应小于 45°。绳卡间距应符合规定要求，并应将绳卡的鞍座放在钢丝绳承力端一边，U 形环放在钢丝绳末端一边，严禁正反排列，绳卡的设置如图 13-12 所示。

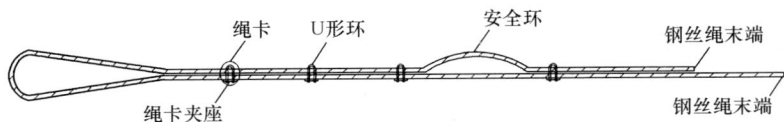

图 13-12　钢丝绳绳卡设置示意图

（5）斜拉钢丝绳宜设有保证其与悬挑梁协同工作的花篮螺栓，其位置宜布设在沿钢丝绳方向离悬挑端拉环 1m 处的位置。

第四节　搭设与拆除

1. 准备工作

（1）悬挑脚手架必须编制专项施工方案，搭设高度大于 20m 的，还要按程序组织专家论证。

（2）预埋件等隐蔽工程的设置应按设计要求执行，隐蔽工程验收手续应齐全。

（3）悬挑式脚手架搭设时，连墙件、型钢支承架对应的主体结构混凝土必须达到设计计算要求的强度。

2. 搭设顺序

斜拉式悬挑脚手架的搭设步骤：施工准备→放线定位→预埋 U 形螺栓和拉环→悬挑架的支承结构安装→竖立杆→安装扫地杆→安装纵向水平杆和安装横向水平杆→安装连墙件→安装剪刀撑、横向斜撑→安装斜拉钢丝绳→架体底部封底→铺设脚手板→安装防护栏杆和挡脚板→张挂密目安全网。

3. 搭设方法

以扣件式钢管悬挑脚手架为例，简述斜拉式悬挑架的搭设方法和要求。

（1）放线定位、设置预埋件

在悬挑层楼面放出悬挑梁位置线并做好标识，于板底钢筋完成后预埋两处锚固螺栓，用限位钢筋固定，如图 13-13 所示。在浇捣混凝土时应避免碰撞锚固螺栓，混凝土完成面注意找平，以便安装悬挑梁。同时随工程进度在上一层建筑结构边缘上预埋钢丝绳吊环。

（2）制作、安装悬挑梁

1）按设计长度尺寸制作悬挑梁，并根据架体宽度（一般不大于 1.05m），在钢梁端部采用竖直焊接长 0.2m，直径 25～30mm 的钢筋或短管作为立杆定位点。

2）将悬挑梁穿过两道锚固螺栓至最里端伸出 200mm，然后用压板固定牢靠。当采用钢压板连接固定时，钢压板尺寸不应小于 100mm×10mm（宽×厚）；当采用角钢板连接时，

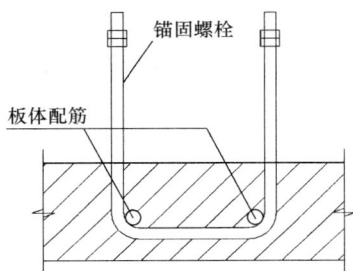

图 13-13　预埋件设置

角钢的规格不应小于 63mm×63mm×6mm，锚固螺栓与型钢悬挑梁间隙应用钢楔或硬木楔楔紧，如图 13-14 所示。

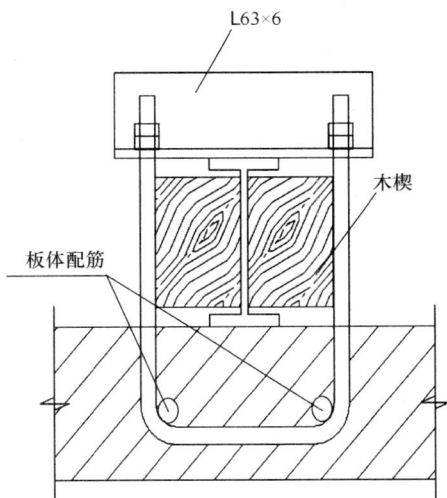

图 13-14　悬挑梁固定（采用角钢板）

（3）竖立杆

将立杆套入悬挑梁上的定位杆中，如图 13-15 所示。立杆纵距不大于 1.5m，采用对接接长。立杆的对接扣件应交错布置，

两根相邻立杆的接头不应设置在同步内，同步内隔一根立杆的两个相隔接头在高度方向错开的距离不宜小于 500mm，各接头中心至主节点的距离不宜大于步距的 1/3，转角处均应设置内外立杆。

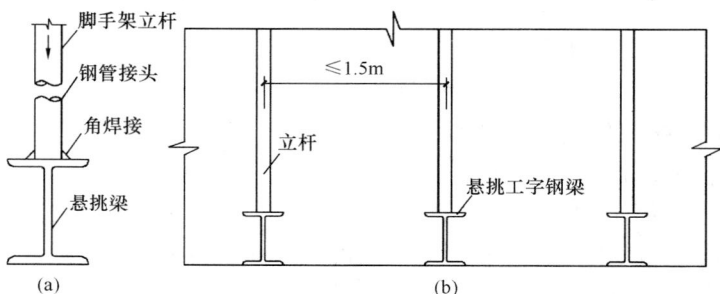

图 13-15　立杆安装示意

（a）立杆与钢梁连接；（b）立杆安装纵向立面图

（4）安装纵、横向扫地杆

将纵向扫地杆用直角扣件固定在距离钢管底部不大于 200mm 处的立杆上，横向扫地杆用直角扣件固定在紧靠纵向扫地杆下方的立杆上，如图 13-16 所示。

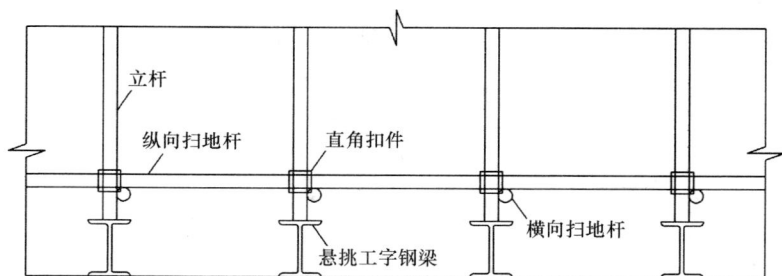

图 13-16　扫地杆安装示意

（5）安装纵向水平杆

悬挑式脚手架纵向水平杆应随立杆按步搭设，并应采用直角扣件将其固定在立杆内侧，单根杆长度不应小于3跨。接头位置应符合扣件式钢管脚手架有关规定。

（6）安装横向水平杆

架体主节点处必须设置横向水平杆。当使用冲压钢脚手板、木脚手板、竹串片脚手板时，横向水平杆两端均应采用直角扣件固定在纵向水平杆上，当使用竹笆脚手板时，横向水平杆的两端应采用直角扣件固定在立杆上。横向水平杆的靠墙一端至主体结构外边缘的距离不应小于100mm，伸出架体的距离不小于100mm。

（7）设置连墙件

连墙件应从第一步架开始设置，如图13-17所示。当从第一步架开始设置有困难时，应采取其他可靠措施固定悬挑架。

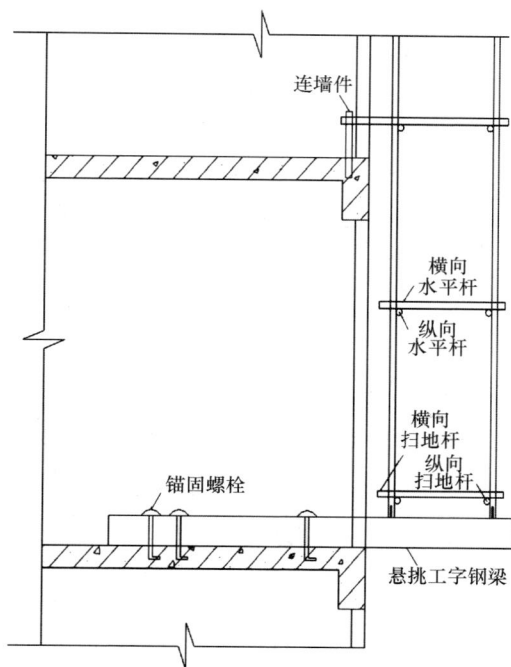

图 13-17　连墙件设置示意图

连墙件的安装应随脚手架搭设同步进行，不得滞后安装。当架体搭设至有连墙件的主节点时，在搭设完该处的立杆、纵向水平杆、横向水平杆后，应立即设置连墙件，每个连墙件的覆盖面积不应大于 $27m^2$。连墙件的结构形式可参照扣件式钢管脚手架的有关内容。

（8）安装剪刀撑与横向斜撑

剪刀撑与横向斜撑应随架体同步搭设。

1）架体全外侧立面上由底至顶应连续设置剪刀撑。

2）开口型脚手架的两端均必须设置横向斜撑，如图 13-18 所示，横向斜杆应在同一节内，由底至顶层呈之字形连续布置。当斜腹杆在 1 跨内跨越 2 个步距时，宜在相交的纵向水平杆处，增设一根横向水平杆，将斜腹杆固定在其伸出端上。

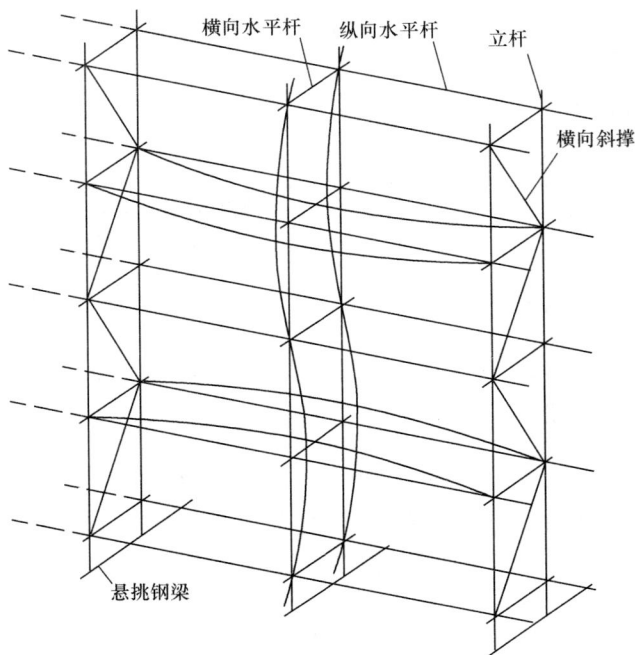

图 13-18 横向斜撑设置示意图

（9）安装斜拉钢丝绳

将斜拉钢丝绳一端与预埋拉结用环连接，另一端与悬挑钢梁前端拉结，如图13-19所示。每根悬挑梁必须单独设置一根斜拉钢丝绳，不得少设或漏设，禁止使用已达到报废标准的钢丝绳。安装钢丝绳时，应保证钢丝绳顺直，并做到所有钢丝绳拉紧程度基本相同，避免钢丝绳受力不均匀。

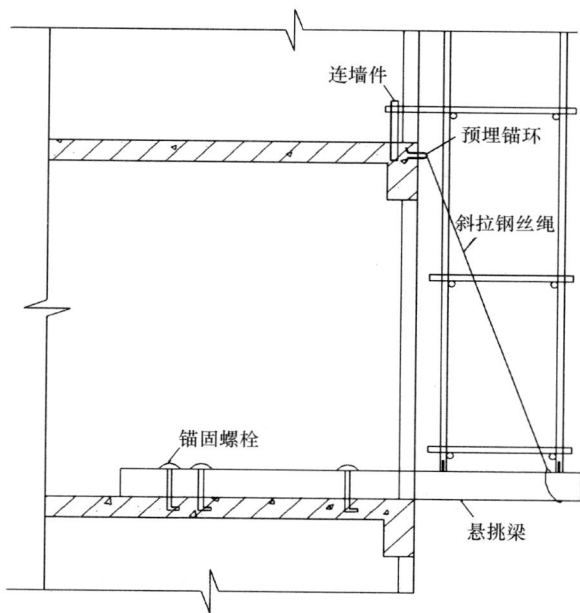

图13-19　斜拉钢丝绳安装示意

（10）架体底部封闭

1）脚手架底部采用3mm厚花纹钢板或50mm厚木板进行全封闭。

2）架体底层沿建筑结构边缘在悬挑钢梁与悬挑钢梁之间可采用40mm×40mm×4mm镀锌角钢固定，上铺15mm厚木模板封闭。

（11）铺设脚手板、设置防护栏杆和挡脚板、挂设安全网

1）作业层应满铺脚手板，安装防护栏杆和挡脚板。

2）架体采用安全立网全封闭。安全平网、安全立网的挂设应随脚手架的搭设同步进行。

3）脚手板的铺设、防护栏杆和挡脚板的设置以及安全网的挂设方法和要求应符合扣件式钢管脚手架的有关规定。

第五节　检查验收

（1）搭设悬挑脚手架的材料、构配件应进行进场验收，检验合格后方可进行搭设施工。

（2）悬挑脚手架应在下列阶段进行检查验收：

1）预埋锚固件及钢丝绳吊环完工后。

2）悬挑梁安装固定后、脚手架搭设前。

3）每搭设一个楼层高度后使用前。

4）达到设计高度后。

5）作业层上施加荷载前。

6）遇有六级强风及以上风或大雨后，冻结地区解冻后。

7）停用超过1个月。

（3）型钢悬挑结构安装技术要求、检装方法应符合表13-1的规定。

型钢悬挑结构安装技术要求、检装方法　　　表 13-1

序号	检验项目		技术要求	检验方法
1	进场验收		应符合规定，构件无变形、损坏，油漆不应脱落、损坏，构件无锈蚀	观察和检查型钢悬挑结构施工质量检验报告
2	预埋件、预埋螺栓规格、品种		应符合设计要求	检查预埋件、预埋螺栓质量验收记录和隐蔽验收工程验收记录，用钢尺检查
	支撑面	标高（mm）	±10.0	
		水平度	$L/500$	

序号	检验项目		技术要求	检验方法
2	预埋件	中心偏移（mm）	15.0	检查预埋件、预埋螺栓质量验收记录和隐蔽验收工程验收记录，用钢尺检查
	预留孔	中心偏移（mm）	10.0	
	预埋螺栓	中心偏移（mm）	5.0	
		露出长度（mm）	+30.0	
		螺纹长度（mm）	+30.0	
3	不同部位型钢悬挑结构的选用		应符合安全专项施工方案要求	现场检查、核对悬挑架平面布置图
4	安装允许偏差（mm）	横向轴线（mm）	±20.0	用钢尺、水平尺检查
		纵向轴线（mm）	±20.0	
		悬挑架垂直度	$h/250$ 且≤15.0	
		悬挑架水平度	$h/500$ 且≤20.0	
5	与建筑主体结构连接	焊接 / 焊工	必须持证上岗	检查焊工合格证及施焊范围、有效期
		焊接 / 焊缝	焊缝尺寸应符合设计要求，焊缝表面无裂缝、夹渣、漏焊等缺陷	观察，用焊缝量规、钢尺检查
		螺栓连接	螺栓、螺母、垫圈（板）的品种、规格、性能、数量应符合要求	
			螺栓应紧固，并有锁定措施，外露丝扣不少于2扣	观察，钢尺检查

序号	检验项目	技术要求	检验方法
6	锚环、拉环	数量、规格、做法、预埋位置应符合要求	观察，小锤轻击
		应有预紧装置并预紧	
7	钢丝绳	数量规格符合设计要求	观察
		端部应设鸡心环、绳卡，规格、数量、安装方法符合设计及相关规定	
		应设调紧装置，并调紧、锁定；调紧装置应有足够的调节空间	观察，扭力矩扳手

注：h 为单根杆件长度，L 为悬挑梁长度。

（4）架体搭设的技术要求和允许偏差应符合相关钢管脚手架的标准规定。

（5）悬挑脚手架使用中，应进行定期检查。

（6）拆除

1）悬挑脚手架拆除应按专项方案进行拆除施工，作业前应做好下列准备工作：

① 全面检查悬桃脚手架的扣件连接、连墙件、支撑体系等是否符合构造要求。

② 根据检查结果，补充完善专项施工方案中拆除顺序和措施。

③ 拆除作业前应严格履行安全技术交底程序。

2）悬挑脚手架拆除作业必须由上而下逐层拆除，严禁上下同时作业。连墙件必须随脚手架逐层拆除，分段拆除高差不应大于两步。当拆至最底层悬挑式脚手架时，应先拆除连墙件，后拆除吊拉钢丝绳。

3）当悬挑式脚手架采取分段、分立面拆除时，对不拆除的悬挑式脚手架两端，必须采取连墙件和横向斜撑等可靠措施加固后方可实施拆除作业。

4）其他拆除过程和要求应遵循一般钢管脚手架的拆除规定。

第六节　悬挑脚手架的安全管理

（1）悬挑脚手架安装拆卸作业，应有防止高空坠落和防止落物伤人的安全防护措施。搭设中没有完成的悬挑架，在每日收工前，应采取可靠措施确保架体稳定。

（2）悬挑脚手架在使用中，架体上的施工载荷必须符合设计要求。结构施工时，不宜多层同时进行作业，装修施工时，同时作业层数不超过 2 层。

（3）脚手架使用期间，严禁进行下列违章行为：

1）随意扩大悬挑脚手架的使用范围。

2）将模板支架、缆风绳、混凝土和砂浆输送管道、卸料平台等固定在悬挑脚手架上。

3）利用架体吊运物料。

4）擅自拆除悬挑脚手架的连墙件、吊拉钢丝绳等结构件或连接件。

5）拆除或移动架体上安全防护设施。

6）其他影响悬挑脚手架使用安全的违章作业。

7）对检查中发现的问题和隐患，应及时进行处理，确保脚手架的安全使用。

第十四章　模板支撑脚手架

扣件式钢管模板支架主要由钢管、扣件、可调托撑等组成，如图 14-1 所示。

图 14-1　模板支架示意

扣件式钢管模板支架的步距与立杆间距应按设计计算确定，步距不应大于 1.8m，立杆间距不应大于 1.2m。模板支架搭设高度不宜超过 30m，独立架体高宽比不应大于 3.0。当大于 3 时，应采取加强整体稳固性措施。地基基础强度必须满足支模施工和计算要求，验收合格后按施工方案的要求放线定位。对高大复杂和荷载较大的模板支架系统，为了防止施工过程中地基沉降对现浇混凝土结构施工质量和支架稳定性的影响，应对支架单元和地基进行预压试验。模板支架支承在屋面、楼面等建筑物上时，应当进行验算，并满足以下要求：下层楼板应当具有承受上层施工荷载的承载能力，否则应当支撑支架。上层支架立杆应对准下层支架立杆，并在立杆底铺设垫板。

第一节　构配件及构造

1. 垫板与底座

（1）模板支架立柱应设置垫板和底座。

（2）垫板应有足够强度和支撑面积，且应中心承载，垫板应采用木板或槽钢，木板厚度不得小于 50mm，宽度不得小于 200mm，长度不得小于 2 跨。禁止使用砖及脆性材料铺垫。

（3）底座应采用可锻铸铁制造或焊接制作的扣件式钢管脚架底座。

2. 支架立杆

（1）模板支架立杆间距一般设置在 0.5～1.2m 之间（须经计算确定）。

（2）梁和板的支撑立杆，其纵横向间距应相等或成倍数。

（3）立杆底部不在同一高度上时，高处的纵向扫地杆应向低处延长不少于 2 跨，高低差不得大于 1m，立柱距边坡上方边缘不得小于 0.5m。

（4）立杆接长严禁搭接，必须采用对接扣件连接，立杆接长应采用对接扣件连接，对接扣件应交错布置，两根相邻立杆的接头不应设置在同步内。立杆接长时，同步内隔一根立杆的两个相邻接头在高度方向错开的距离不宜小于 500mm，各接头中心至主节点的距离不宜大于步距的 1/3。

（5）当采用在梁底设置立杆的支撑方式时，宜采用可调托撑直接传力。对高大模板支架，梁板底立杆应采用可调托撑，立杆顶端采用可调托撑时，立杆与可调托撑伸出顶层水平杆中心线的长度之和不应大于 500mm，螺杆插入钢管的长度不应小于 150mm。当在立杆底部设置可调底座时，其调节螺杆伸出钢管端部的长度不应大于 200mm。

（6）立杆的纵、横距离不应大于 1200mm；对高大模板支架，立杆的纵、横距离除满足设计要求外，不应大于 900mm。

模板支架底层步距应满足设计要求，且不应大于1.8m。高大模板支架步距不宜大于1.5m。

（7）当模板支架局部所承受的荷载较大，立杆需加密设置时，加密区的水平杆应向非加密区延伸不少于1跨；非加密区立杆的水平间距应与加密区立杆的水平间距互为倍数。

3. 扫地杆与水平拉杆

（1）在立柱底距地面200mm高处，应沿纵横水平方向设置扫地杆。

（2）可调顶托底部的立柱顶端应沿纵横向各设置一道水平拉杆。

（3）扫地杆与顶部水平拉杆之间的间距，在满足模板设计所确定的水平拉杆步距要求条件下，进行平均分配确定步距后，在每一步距处纵横向应各设一道水平拉杆。水平拉杆的步距通常在1.2～1.8m。

（4）对于高大模板支架，在架体顶部还应增设水平拉杆。当层高在8～20m时，在最顶步距两水平拉杆中间应加设一道水平拉杆；当层高大于20m时，在最顶两步距水平拉杆中间应分别增加一道水平拉杆。

（5）所有水平拉杆的端部均应与四周建筑物顶紧顶牢。无处可顶时，应于水平拉杆端部和中部沿竖向设置连续式剪刀撑。

（6）纵横向扫地杆、水平拉杆应采用直角扣件固定在立柱上。扫地杆、水平拉杆应采用对接扣件接长。水平杆接长宜采用对接扣件连接，也可采用搭接。对接搭接应符合下列规定：

1）对接扣件应交错布置：两根相邻纵向水平杆的接头不宜设置在同步或同跨内；不同步或不同跨两个相邻接头在水平方向错开的距离不应小于500mm；各接头至最近主节点的距离不宜大于纵距的1/3。

2）搭接长度不应小于1m，应等距离设置3个旋转扣件固定，端部扣件盖板边缘至搭接水平杆杆端的距离不应小于

100mm，纵、横向水平杆应满布连续设置。主节点两个直角扣件的中心距不应大于150mm。

4．剪刀撑

高度超过4m的模板支架应设置水平和竖向剪刀撑，剪刀撑应符合下列规定：

（1）竖向剪刀撑设置应符合以下要求：

1）危险性较大模板支架（指搭设高度5m及以上或搭设跨度10m及以上，或施工总荷载10kN/m² 及以上，或集中线荷载15kN/m 及以上，或高度大于支撑水平投影宽度且相对独立无联系构件的混凝土模板支架）应在架体四周、内部纵向和横向每隔不大于6m设置一道竖向剪刀撑。

2）其他模板支架应在架体的四周、内部纵向和横向每隔不大于9m设置一道竖向剪刀撑。

3）竖向剪刀撑斜杆间的水平距离宜为6～9m，剪刀撑斜杆与水平杆的倾角应为45°～60°。

（2）水平剪刀撑设置应符合以下要求：

1）危险性较大模板支架应在架顶设置一道水平剪刀撑，同时每隔不大于8m设置一道水平剪刀撑。

其他模板支架宜在架顶处设置一道水平剪刀撑。

2）每道水平剪刀撑应连续设置，剪刀撑的宽度宜为6～9m。

3）满堂支撑脚手架应在外侧立面、内部纵向和横向每隔6～9m由底至顶连续设置一道竖向剪刀撑，在顶层和竖向间隔不超过8m处设置一道水平剪刀撑，并应在底层立杆上设置纵向和横向扫地杆。

4）当采用竖向斜撑杆、竖向交叉拉杆代替竖向剪刀撑，或采用水平斜撑杆、水平交叉拉杆代替，水平剪刀撑时，其间隔距离、形状、长度等应符合《建筑施工脚手架安全技术统一标准》GB 51210—2016 的规定。

5）模板支架的剪刀撑或斜撑杆、交叉拉杆的布置应均匀、对称。

第二节　满堂脚手架搭设

满堂脚手架是在纵、横方向，由不少于三排立杆并与水平杆、水平剪刀撑、竖向剪刀撑、扣件等构成的脚手架。该架体顶部作业层施工荷载通过水平杆传递给立杆，顶部立杆呈偏心受压状态。

满堂脚手架的立杆和水平杆构造、杆件接长、剪刀撑固定、脚手板铺设均与模板支架和双排脚手架的设置要求一致，其构造还应符合以下要求：

水平杆长度不宜小于 3 跨。

在架体体外侧四周及内部纵、横向由底至顶设置连续竖向剪刀撑；在架体底部、顶部及中部分别设置连续水平剪刀撑。

满堂脚手架的高宽比不宜大于 3，当高宽比大于 2 时，应在架体的外侧四周和内部水平间隔 6～9m，竖向间隔 4～6m 设置连墙件与建筑结构拉结，当无法设置连墙件时，应采取设置钢丝绳张拉固定等措施。

当满堂脚手架局部承受集中荷载时，应按实际荷载计算并应局部加固。满堂脚手架应设爬梯，爬梯踏步间距不得大于 300mm。满堂脚手架操作层支撑脚手板的水平杆间距不应大于 1/2 跨距。

1. 模板支架搭设

模板支架一般搭设流程为：

工作准备→放线定位→安放垫板和底座→放置扫地杆→设置立杆并与纵横向扫地杆固定→安装第一步纵横向水平拉杆→安装第二步纵横向水平拉杆→矫正→依次搭设其他步纵横向水平拉杆、接立杆→随进度安装竖向和水平剪刀撑及拉结点→搭设顶层纵横向水平拉杆和顶层水平剪刀撑→安装可调顶托。

2. 普通梁板模支架搭设方法

模板支架应逐排、逐层进行搭设。每搭设完一步架体后，应按规定校正立杆间距、步距、垂直度及水平杆的水平度。

模板支架搭设前应做好安全技术交底。根据方案设计的立柱纵横间距进行放线定位，将垫板放在定位线上，底座置于垫板定位点的中心位置，保证垫板中心承载上部荷载设置立杆和扫地杆。提前将扫地杆摆好，按定位依次将立杆竖起并放置在底座上，在立柱底离地面200mm高处，将立柱与纵、横向扫地杆连接固定，纵向扫地杆设置在横向扫地杆的上面。

设置第一步纵、横向水平拉杆。按照方案规定安装第一步纵、横向水平拉杆，在校正立杆的垂直度后，予以牢靠固定。立杆搭设的垂直偏差不宜大于1/200，且不宜大于10mm。

接长杆件。在开始设置底部立柱、扫地杆及首层水平拉杆时，最初设置的相邻杆件的长度不能相同，这样在杆件接长时能相互错开位置，避免接头出现在同一高度、同步、同跨内或远离主节点。立柱、扫地杆及水平拉杆的接长必须采用对接方式，严禁采用搭接，严禁将上段的钢管立柱与下段钢管立柱错开固定于水平拉杆上。

依次向上搭设立柱和纵、横向水平拉杆。水平拉杆应按步距沿纵向和横向通长连续设置，不得缺失。

搭设剪刀撑。剪刀撑、斜撑杆等加固杆件应随架体同步搭设，不得滞后安装。对于架内的竖向和水平剪刀撑，如果等架体完工后再一次性搭设或补设，将非常困难。剪刀撑应用旋转扣件固定在立柱或水平拉杆上，接长应采用搭接方式。竖向剪刀撑杆件的底端应与地面顶紧。水平剪刀撑应延伸至架体周边。

设置拉结点。搭设支架时，应根据周边结构的情况，采取有效的连接措施加强支架整体稳固性。

搭设顶层纵、横向水平拉杆。将纵、横向水平拉杆按照方案设计位置与立柱顶端固定，顶层水平拉杆至模板支撑点的长度不应超过0.5m，对于危险性较大模板支架，在最顶步距水平拉杆中间应加设一道或两道水平拉杆。架顶处应根据设计要求设置一道水平剪刀撑。

安装可调顶托。将可调顶托插入顶部钢管立杆中，插入立杆的长度不应小于150mm，可调螺杆伸出钢管顶部不得大于200mm。安装时应保证可调顶托与钢管保证上下同心，避免偏心受力。

第三节 检 查 验 收

施工过程中应经常对以下项目进行检查：

（1）立柱底部基土回填夯实的情况。

（2）垫木应满足设计要求。

（3）底座位置应正确，顶托螺杆伸出长度应符合规定。

（4）立杆的规格尺寸和垂直度应符合要求，不得出现偏心荷载。

（5）扫地杆、水平拉杆、剪刀撑等的设置应符合规定，固定应可靠。

（6）各种安全设施应符合要求：

扣件式钢管模板支架搭设的技术要求、允许偏差与检验方法，应符合表14-1的规定，其中，地基基础、纵横向水平杆高差、剪刀撑与地面的倾角、扣件安装等技术要求、允许偏差与检验方法同扣件式钢管脚手架搭设的前述规定。

模板支架搭设的技术要求、允许偏差与检验方法　　表14-1

项次	项　目	技术要求	允许偏差 Δ（mm）	检查方法与工具
1	立杆垂直度	最后验收垂直度30m	—	±90	用经纬仪或吊线和卷尺
		下列满堂支撑架允许水平偏差（mm）		
		搭设中检查偏差的高度（m）	总高度30m	
		$H=2$	±7	
		$H=10$	±30	
		$H=20$	±60	
		$H=30$	±90	
		中间档次用插入法		

项次	项 目		技术要求	允许偏差 Δ（mm）	检查方法 与工具
2	间距	步距 纵距 横距	—	±20 ±30	—	钢板尺

对于高大模板支架，应严格遵守《危险性较大的分部分项工程安全管理规定》（住房城乡建设部令第 37 号）文件的规定。

第四节　满堂脚手架拆除

1. 准备工作

（1）拆模前必须有拆模申请，经审批后，方可拆除。现浇整体模板拆除之前，必须经验算复核，对照拆除的部位查阅混凝土强度试验报告，达到拆模强度的方可进行。

（2）拆除前，应清除架体上的杂物及地面障碍物。

（3）拆除作业人员必须戴安全帽、佩戴安全带、穿防滑鞋。

（4）拆除前，应对作业人员进行施工操作安全技术交底。

（5）在模板拆除区域周围，设置围栏，挂明显的标志牌，派专人监护，禁止非作业人员进入警戒范围内。

（6）检查所使用的工具有效可靠，并检查拆模现场范围内的安全措施情况。

2. 拆除程序及要求

（1）拆模的顺序和方法应按模板的设计规定进行。当设计无规定时，一般应按先支的后拆、后支的先拆，先拆非承重部位、后拆承重部位的程序拆除，并应从上而下进行拆除。

（2）部件拆除的顺序与安装顺序相反。

（3）同层杆件和构配件必须按先外后内的顺序拆除；剪刀撑、斜撑杆等加固杆件必须在拆至该杆件所在部位时再拆除。

（4）当拆除 4～8m 跨度的梁下立柱时，应先从跨中开始对称地分别向两端拆除。拆除时，严禁采用连梁底板向旁侧拉倒的拆除方法。

（5）对于多层楼板模板的立柱，当上层及以上楼板正在浇筑混凝土时，下层楼板立柱的拆除，应根据下层楼板结构混凝土强度的实际情况，经过计算确定。

（6）后浇带两侧的模板支架应在架体左右分别保留两排立柱。

（7）当施工超重楼层转换层梁板结构时，下部各层支架的拆除时间，应由结构计算决定。

（8）拆除高大模板支架时，纵横竖向及水平剪刀撑应滞后于其他杆件拆除，连墙件等固定措施必须最后拆除。

（9）当立柱的水平拉杆超过 2 层时，应首先拆除 2 层以上的拉杆。当拆除最后一道水平拉杆时，应和拆除立柱同时进行。

（10）拆除平台、楼下的立柱时，作业人员应站在安全处拉拆。

（11）拆除作业人员应严格遵守安全操作规程，严格按照施工方案进行拆除作业。

（12）作业人员应当有足够、安全的作业面，可靠的立足点。

（13）拆下的模板、配件等严禁高空抛掷，所有杆件和扣件在拆除时应分离，严禁在杆件上附着扣件或两杆连着送至地面。

（14）拆卸下来的模板、杆件、配件等应及时整理好运走，做到工完场清。

第五节　模板支撑脚手架的安全管理

1. 安全检查

模板支撑脚手架在使用前，应进行检查，检查项目应符合以下规定：

（1）主要受力杆件、剪刀撑等加固杆件、连墙件应无缺失、无松动，架体应无明显变形。

（2）立杆底端应无松动、无悬空。

（3）安全防护设施应齐全、有效，应无损坏缺失。

（4）立杆的垂直度的偏差在规定范围内。

2. 安全要求

严禁将支撑脚手架、缆风绳、混凝土输送泵管、卸料平台及大型设备的支承件等固定在作业脚手架上。

在支撑脚手架使用期间，严禁拆除下列杆件：

（1）主节点处的纵、横向水平杆，纵、横向扫地杆。

（2）连墙件。

（3）严禁擅自拆除架体上的安全防护设施，或临时拆除后不及时恢复。

（4）满堂脚手架在使用过程中，应设有专人监护施工，当出现异常情况时，应立即停止施工，并应迅速撤离作业面上人员。

第十五章　脚手架常见事故分析及案例

第一节　脚手架常见事故原因

近年来，我国建筑施工脚手架安全事故频发，不论是脚手架整体或局部失稳造成的倾覆，还是脚手架搭拆及架上作业人员的高处坠落，都造成了重大人员伤亡和巨大经济损失。脚手架工程，尤其是高大模板支架工程，结构和使用环境复杂，安装技术要求高，承受的荷载大，极易发生坍塌事故。脚手架安全事故的原因复杂多样，有作业人员资格、施工方案、施工管理等多个方面的问题，这些问题往往是导致事故发生的主要原因。

1. 技术管理不到位

（1）人员方面。施工过程中，人员问题是造成事故的主要原因之一。

1）从事作业脚手架、模板支架搭拆作业的人员未取得架子工特种作业资格证书，无证上岗作业。

2）作业人员未按规定正确佩戴安全帽、系安全带和穿防滑鞋。

3）酒后登高作业。

4）作业人员安全生产意识薄弱。

5）作业人员身体健康状况不适合搭拆作业。

（2）方案方面。危险性较大的脚手架工程，必须编制专项施工方案，对于超过一定规模的脚手架工程，应当组织专家对专项施工方案进行论证。

1）未按《危险性较大的分部分项工程安全管理规定》（住房城乡建设部令第 37 号）的有关要求编制专项施工方案。

2）方案内容不符合安全技术规范规定。

3）方案未按规定的程序进行审查、专家论证和批准。

4）方案中未对地基承载力、连墙件等杆件进行计算或存在计算错误。

5）方案编写过于简单，缺少平面图、立面图以及节点、构造等详图。

6）方案缺乏针对性，没有结合施工现场实际情况，不具备指导现场施工作用。

（3）安全管理方面。施工现场忽视安全管理的现象较为普遍。

1）擅自修改专项施工方案，未按照方案要求进行搭拆脚手架与模板支架。

2）未按规定进行安全技术交底。

3）未安排专人对专项施工方案的实施情况进行现场监督。

4）未按规定进行分段搭设、分段检查验收投入使用。

5）安全检查不到位，未能及时发现事故隐患，或发现问题后未能及时整改和纠正。

2. 材料配件材质不符合要求

有些脚手架使用劣质的材料制造，刚度达不到要求，使用前未进行必要的检验检测，都会造成重大伤亡事故的发生。如常用的扣件式钢管脚手架在材料配件材质方面主要存在以下问题：

（1）扣件所使用材料不合格。

（2）扣件变形严重；扣件破损，螺杆螺母滑丝。

（3）扣件盖板厚度不足，承载力达不到要求。

（4）扣件、底座未做防腐处理，锈蚀严重，承载力严重不足。

（5）焊接底座底板厚度不足 8mm，承载力不足。

（6）木垫板厚度不足 50mm，长度不足两跨。

（7）新购买的钢管、扣件使用前未按规定进行抽样检测检验。

（8）进场钢管没有生产许可证，产品质量合格证。

（9）钢管、扣件使用前未进行全面检查，质量存在问题。

（10）钢管外径 48.3mm，偏差超过－0.5mm；管壁较薄，壁厚 3.6mm，偏差超过－0.36mm，小于 3.24mm。

（11）钢管未做防腐处理，锈蚀严重，承载力严重降低。

（12）钢管受打孔、焊接等破坏，局部承载力严重不足。

（13）冲压钢脚手板锈蚀严重，竹串片脚手板穿筋松落，承载力严重不足。

（14）可调托撑螺杆外径小于 38mm，直径与螺距不符合规范要求。

（15）可调托撑螺杆与支托板焊接不牢，或支托板厚小于 5mm，变形大于 1mm，承载力严重降低。

（16）使用有裂纹的支托板和螺母，或螺母厚度小于 30mm。

（17）密目式安全立网网目密度低于 2000 目/100cm^2。

3. 搭设不规范

在一些施工现场，脚手架搭设不规范的现象比较普遍，如脚手架操作层防护不规范；密目网、水平兜网系结不牢固；未按规定设置随层兜网和层间网；脚手板设置不规范等，都有可能导致伤亡事故的发生。如在扣件式钢管脚手架搭设时主要存在以下不规范之处：

（1）基础发生不均匀沉降

1）地基没有进行承载力验算，地基承载力不足。

2）土软地基未采取夯实，铺设混凝土垫层等加固处理；回填土未分层夯实，承载力不足。

3）架体基础四周无排水措施、有积水，尤其是湿陷性黄土受水浸泡发生沉陷。

4）基础下的管沟、枯井等未进行加固处理。

5）对冻胀性土未采取防冻融措施。

6）脚手架搭设场地不平整。

7）基础上直接搭设架体或模板支架时，立杆底部未设垫板，或者木垫板面积不够、板厚不足 50mm。

8）立杆底部未设底座，或者数量不足；底座未安放在垫板中心轴线部位。

9）脚手架附近开挖基础、管沟，对脚手架、模板支架基础构成威胁。

10）搭在结构上的模板支架，未对结构进行复核、加固，结构承载力不足。

（2）连墙件设置不符合规范要求

1）连墙件设置数量严重不足。

2）连墙件与建筑结构连接不牢固。

3）连墙件未随作业脚手架搭设同步进行安装。

4）连墙件与架体连接的连接点位置不在离主节点 300m 范围内。

5）作业脚手架底层第一步纵向水平杆处未设置连墙件或未采用其他可靠措施固定。

6）连墙件之上架体的悬臂高度大于 2 步。

7）违规使用仅能承受拉力、仅有拉筋的柔性连墙件。对高度超过 24m 以上的脚手架未采用刚性连墙件。

8）开口型脚手架的两端未设置连墙件，连墙件的垂直间距大于建筑物的层高，或者大于 4m。

9）模板支架未按规定与既有建筑结构进行可靠固结。

10）对架高超过 40m 且有风涡流作用时，未采取抗上升风涡流作用的连墙措施。

11）装饰装修、墙体砌筑等阶段，违规随意拆除连墙件。

12）拆除脚手架时，未随拆除进度拆除连墙件，连墙件拆除过多。

（3）立杆设置不规范

1）立杆不顺直，弯曲度超过 20mm。

2）脚手架基础不在同一高度时，靠边坡上方的立杆轴线到边坡的距离不足 500mm。

3）脚手架未设扫地杆，或扫地杆设置不合理。

4）脚手架立杆纵距超过 2.0m。

5）作业脚手架立杆偏心荷载过大，顶层顶步以下立杆采用了搭接接长。

6）对接接头没有交错布置，同一步内接头较集中。

7）双立杆中副立杆过短，长度远小于 6.0m。

8）高层脚手架没有局部卸载装置。

9）作业脚手架与塔式起重机、施工升降机、物料提升机、卸料平台等架体连在一起，或与模板支架连在一起。

10）搭设高度未跟上施工进度，脚手架未高出作业层。

11）落地式卸料平台未单独设置立杆。

12）扣件紧固力矩小于 40N·m 或大于 65N·m。

13）模板支架立柱接长采用搭接，或将上段的钢管立柱与下段钢管立柱错开固定在水平拉杆上。

14）模板支架立杆伸出顶层水平杆中心线至支撑点的长度大于 0.5m。

15）模板支架柱距过大，分布不均。

16）可调托托掌螺杆外径与立柱钢管内径的间隙大于 3mm，U 形支托与楞梁两侧间隙未楔紧，造成偏心受力。

17）可调托撑螺杆伸出长度大于 300mm，或插入立杆内的长度小于 150mm。

（4）水平杆、剪刀撑设置不规范

1）作业脚手架纵向水平杆设在立杆外侧，横向水平杆设在纵向水平杆下。

2）两根相邻水平杆接头设在同步或同跨内，相距不足 500mm。

3）纵向水平杆搭接长度不足 1.0m，或只用一个或两个旋转扣件连接。

4）主节点处横向水平杆未设置或被拆除。

5）脚手眼位置不符合规范要求。

6）作业脚手架剪刀撑设置不规范，未跟上施工进度，或搭接接头、扣件数量不足。

7）悬挑脚手架或高度超过 24m 的作业脚手架外立面未连续设置剪刀撑。

8）未按要求设置横向斜撑。

9）模板支架未设置纵横向扫地杆，纵横向水平拉杆严重不足。

10）模板支架未按规定设置水平或竖向剪刀撑。

11）所有水平拉杆的端部未按规定与四周建筑物顶紧顶牢。

（5）作业层

1）作业层竹笆脚手板下纵向水平杆间距超过 400mm。

2）作业层脚手板铺设不满，没有固定牢固。

3）脚手板接头铺设不规范。

4）未设置栏杆和挡脚板，或设置位置及高度尺寸不规范。

5）作业脚手架没有挂设随层网、层间网或首层网，或挂设不严密。

4. 使用不当

（1）作业层上施工荷载过大，超出设计要求。

（2）将模板支架、缆风绳、混凝土输送泵管、卸料平台及大型设备的支承件等固定在作业脚手架上。

（3）作业脚手架上悬挂起重设备。

（4）未按照规定进行定期检查，长时间停用和大风、大雨、冻融后未进行安全检查。

（5）在使用期间随意拆除主节点处杆件、连墙件。

（6）在脚手架上进行电、气焊作业时，没有采取防火措施。

（7）脚手架没有按照规定设置防雷措施。

（8）模板上荷载较集中。

（9）混凝土梁未从跨中向两端对称分层浇筑。

（10）预压模板支架时，由于沙袋被雨水浸泡后重量变大，使得预压荷载超过支架设计承载力而造成支架坍塌。

5. 拆除不当

（1）没有制定拆除方案，没有进行安全技术交底。

（2）没有在拆除前对脚手架的扣件连接、连墙件、支撑体系等是否符合构造要求做全面检查。

（3）拆除时周围未设置围栏或警戒标志。

（4）拆除人员未正确佩戴安全防护用具，未配备工具袋，随意放置工具。

（5）在电力线路附近拆除脚手架不能停电作业时，没有采取有效防护措施。

（6）拆除脚手架时，违规上下同时作业。

（7）杆件、加固件的拆除未按规定顺序进行。

（8）作业脚手架连墙件未随架体逐层拆除，或先将连墙件整层或数层拆除后再拆架体。

（9）模板支架拆除前混凝土强度未达到设计要求。

（10）预应力混凝土构件的支架拆除未在预应力施工完成之后进行。

（11）拆除过程中遇见管线阻碍时，任意割移。

（12）拆除过程中没有对架体采取必要的临时拉结措施。

（13）采用整片拽倒、拉倒法拆除；高处抛掷拆卸的杆件、部件。

（14）当上层及以上楼板正在浇筑混凝土时，违规提前将下层楼板立柱拆除。

第二节　脚手架事故案例

1. 脚手架搭设坍塌事故

某年3月4日，某市一小区二期项目工程 A7 号楼 21～27 层脚手架突然坍塌，3 人随脚手架一起坍塌至地面死亡，是一起生产安全较大的责任事故。

（1）事故简介

某市一小区二期项目工程 A7 号楼建筑主体封顶后，脚手架随内外装饰施工进度开始拆除。春节前，A7 号楼外脚手架基本被拆除，但凹槽采光井处 21～27 层脚手架因外墙贴面兼做临时施工通道的需要，没有拆除，留下未拆除的局部脚手架呈独立的"一"字形。某年 3 月 2 日，项目部安排封堵 A7 号楼凹槽采光井 28～33 层脚手架拆除后留下的槽钢洞。因未拆除的 21～27 层脚手架高度不够，需要从 27 层脚手架加高一段脚手架。3 月 4 日中午 12 时，汤某带领张某和谢某到 A7 号楼进行脚手架加高作业，3 人进入 A7 号楼后，遇到木工魏某，根据汤某的安排，魏某随 3 人一起去加高脚手架。13 时 30 分，21～27 层脚手架突然坍塌，汤某、谢某和魏某 3 人随脚手架一起坍塌至地面死亡，如图 15-1 所示。

图 15-1　脚手架坍塌现场

（2）事故原因分析

1）直接原因

施工单位在既未组织技术人员编制安全技术措施又未进行安全技术交底情况下，组织无脚手架搭设操作资格人员加高搭设脚手架，是造成事故的直接原因。

2）间接原因

① A7 号楼四槽采光井 21～27 层处坍塌脚手架，悬挑段高

度 21m，其属于超过一定规模的危险性较大的分部分项工程，项目部不重视超过一定规模危险性较大的分部分项工程的技术管理。

② A7 号楼凹槽采光井 21～27 层坍塌段脚手架架体结构上存在严重的结构稳定性缺陷。架体南北向两路，跨距分别为 1.5m 和 1.8m，东西向外挑立杆两跨，跨距为 1.7m，中间和内排立杆跨 2.6m，距墙 0.4m，立杆安装在 21 层东西向布置的三根工字钢上，横杆步距 3m，个别步距在 4～5m，东西两侧墙体和北侧建筑结构上，窗洞内未见设置连墙件，脚手架结构稳定性严重不足。

③ 施工单位工程项目部在未取得建设行政主管部门同意复工的意见时，擅自复工。

④ 施工单位安全管理薄弱，在原定项目经理不能到位时，没有及时补充项目部管理人员造成项目部安全管理、技术管理力量不足。

⑤ 监理单位安全监理不到位，对工程项目部擅自组织节后复工未进行制止，且对脚手架严重不符合规范的事故隐患未采取监理措施。

（3）事故防范措施

1）切实加强对危险性较大分部分项工程的管理，完善专项方案等编制审核、审批和变更手续。

2）脚手架搭设人员必须持证上岗，禁止未取得架子工特种作业操作资格证书的人员从事脚手架搭设工作。

3）脚手架搭设前，施工单位现场管理人员应当向作业人员进行安全技术交底，告知脚手架工程的搭设和构造要求、施工过程的危险部位及应采取的具体预防措施等。

4）严格执行施工验收有关规定，在脚手架上人加载之前，应组织人员对脚手架进行检查验收。

5）强化施工单位、监理单位等各级人员的安全职责，加强隐患排查治理，杜绝违章作业，严格落实安全生产的各项规定。

2. 脚手架拆除倒塌事故

某年 3 月 26 日，某市某厂房项目在拆除外脚手架作业时发生坍塌事故，架体上 13 人坠落至地面，最终导致 3 人死亡，3 人重伤，7 人轻伤。

（1）事故简介

该脚手架为落地式双排扣件式钢管脚手架，工程完成外墙装饰施工后，正在拆除外脚手架，有 13 名工人在架体上作业。拆除作业从架体顶部开始，工人将拆除的钢管、扣件及脚手板堆放在架体上，通过塔式起重机运送至地面。当脚手架拆除 2～3 步距时，架体开始发生局部变形失稳，然后自上而下、由西往东整体迅速坍塌，架体上 13 人坠落至地面，最终导致 3 人死亡，3 人重伤，7 人轻伤，如图 15-2 所示。

图 15-2　脚手架坍塌现场

（2）事故原因分析

1）直接原因

① 外脚手架拉结不规范，斜拉、扣件松动，且很多已拆除，如图 15-3 所示。

② 拆卸方案不正确，导致外脚手架局部集中堆载，如图 15-4 所示。

2）间接原因

图 15-3　脚手架拉结不规范

图 15-4　局部集中堆载

① 脚手架拆除前，项目技术人员没有向作业人员进行安全技术交底。

② 未能及时发现脚手架连墙件拉结方式、数量不符合专项施工方案要求。

③ 部分作业人员不具备从事脚手架搭设拆除作业资格。

（3）事故防范措施

1）脚手架拆除作业前，施工单位负责项目管理的技术人员应当就有关安全施工的技术要求向施工作业班组、作业人员进行安全技术交底，并由双方签字确认。

2）脚手架搭设和拆除工作必须由持证上岗的架子工担任。

未经专门安全操作知识培训，并经考核合格取得架子工特种作业操作资格证书的人员，禁止从事脚手架搭设和拆除作业。

3）脚手架拆除作业前，应对脚手架进行全面检查，检查扣件连接、连墙件、支撑体系等是否符合构造要求。

4）拆除过程中，拆除的钢管、扣件及脚手板等应当及时转运到地面。

5）施工现场施工各方管理人员及安全管理人员应对拆除作业进行巡查，及时纠正违章作业。

3. 模板支撑体系坍塌事故

2007 年 9 月某日，某工地发生一起天井顶盖现浇混凝土的梁、板、柱模板支撑体系坍塌事故，造成 7 人死亡，17 人受伤。

（1）事故简介

该工程为框架结构，建筑面积 115993.56m²，工程造价 11800 万元，B2 区地上中厅四层天井的顶盖原先设计为观光井，后将观光井改为现浇混凝土梁板柱。其天井模板支撑体系施工方案于施工前编制，某劳务公司工地负责人刘某在没有见到施工方案的情况下，安排架子班组按照常规外脚手架搭设方法开始搭建，搭建完毕后，建筑公司项目部施工员及安全员、劳务公司负责人、监理等人对 B2 区中厅四层天井模板支撑体系搭设情况进行验收，认为合格。

第二天，项目部施工员、监理、劳务公司负责人等人再次对搭设情况进行验收，认为合格。随后，甲方驻工地代表组织总监代表，建筑公司工程部经理、技术负责人、项目部执行经理、项目部施工员，劳务公司负责人等人对搭设情况进行验收，当时提出脚手架架体稳定性不好，需继续加固。下午，劳务公司负责人杨某和陈某等人对支撑体系进行了加固。第三天早晨，陈某带领 5 名架子工继续加固支撑体系，7 点左右混凝土班长张某通知准备打混凝土，8 点张某在没有给工人进行技术交底的情况下，带领 23 名工人上到 B2 区裙房四层顶，准备为中厅四层天井顶盖梁板柱进行混凝土浇筑，因混凝土未到，8 点 30 左右劳务公司工长张某在工地又问项目经理能不能浇筑混凝土，项目经理默认，随后张某做了分工，并安排杨某先浇中厅顶板，再浇四周顶板，最后浇中厅的大梁。9点左右，总监代表了解到模板支撑体系未按要求进行加固，当即电话通知现场监理于某下发工程暂停令，于某在工程暂停令上签上了总监的名字，随即交给项目部的资料员王某，王某收到后代签了项目经理名字，便把工程暂停令放在项目经理的办公桌上离开，9点30左右，模板支撑体系加固完毕，杨某看了后提出立杆间距过稀，应在梁的下面增加立杆。陈某回答增加立杆不好往里顺杆，要加立杆时间最少两天，这时泵车已到，10点开始打混凝土。14时左右，项目部工长张某发现钢管已弯，模板支撑体系已经变形，立即用对讲机向杨某汇报，杨某通过对讲机叫张某让工人加固，张某立即跑到楼顶让工人停止操作，赶快下去，但工人不理，14时25分左右听见轰的一声，中厅四层天井的模板支撑体系发生坍塌。此次事故共造成7人死亡，17人受伤，是一起生产安全较大的责任事故，如图15-5所示。

图15-5　模板坍塌现场

（2）事故原因分析

1）直接原因

劳务公司在没有施工方案的情况下，安排架子班组按常规的外脚手架搭设，导致模板支撑体系稳定性差，支撑刚度不够，整体承载力不足。同时，混凝土浇筑工艺安排不合理，造成施工荷载相对集中，加剧了模板支撑体系局部失稳，导致坍塌。

2）间接原因

① 劳务公司现场负责人对施工过程中发现的重大事故预兆没有及时采取果断措施，现场指挥失误。

② 劳务公司未按规定配备专职安全管理人员，未按规定对工人进行三级安全教育，未向班组工人进行安全技术交底。

③ 建筑公司对模板支撑体系安全技术交底内容不清，针对性不强。

④ 项目部对检查中发现的重大事故隐患未认真组织整改、验收，安全员在发现重大隐患没有得到整改的情况下就在混凝土浇筑令上签字。

⑤ 管理人员未履行安全生产责任制，对高大模板支撑体系搭设完毕后未组织严格的验收。

⑥ 监理公司监理员超前越权签发混凝土浇筑令，总监代表没有按规定程序下发暂停令，对下发暂停令后，工地仍未停工的情况下，没有及时追查原因，加以制止。

（3）事故防范措施

1）对高大模板支撑体系的专项施工方案严格遵守《危险性较大的分部分项工程安全管理规定》（住房城乡建设部令第 37 号）文件的规定，编制的方案必须按编制、审核、审批的程序进行严格把关，方案经专家论证后，按专家提出的意见修改后实施。

2）加强施工过程的管理，对于高大模板支撑体系的搭设过程指派专人负责指导，从基础垫板、布杆、间距的控制、剪刀撑的设置，螺栓的扭紧力度等细节严格把关，严格执行方案的要求，保证体系符合方案的要求，把隐患消灭在搭设过程中。

3）加强安全教育和培训，要求作业人员必须持证上岗，对危险性较大的分部分项工程要有专项的应急预案，并对施工作业人员进行培训、演练。

4）搭设完成后严格按照施工方案组织验收，验收过程中提出的隐患必须认真组织整改落实，不存侥幸心理。

4. 卸料平台坍塌事故

2018年7月12日上午，某建筑工地的卸料平台发生坍塌生产安全事故，造成2人死亡，1人重伤，直接经济损失达130万元。

(1) 事故简介

该工程是一座集商业、住宅楼为一体的现代化建筑，地下一层，地上32层，分东、西楼，建筑总高度96.70m，建筑面积68342m²，事发时，东楼已建至16层，西楼已建至10层。7月10下午，某公司施工员通知架子工安装七楼卸料平台。7月11日上午，架子工在塔式起重机的配合下安装好该卸料平台。7月12日早晨，三名木工将七楼的模板通过南面东侧卸料平台吊运到十楼。上午7时40分，正当木工在卸料平台上捆绑模板时，悬挂卸料平台东侧钢丝绳的预埋件拉环发生断裂，导致卸料平台倾斜坍塌在空中，三名作业人员从约20m高空坠落至地面，造成两人当场死亡，一人重伤。

事故发生后，该工地项目部立即启动应急预案，将伤者送往医院进行抢救，并将事故现场设置了警戒线，后经抢救伤者已脱离生命危险，如图15-6所示。

图15-6 坍塌现场

(2) 事故原因分析

1）直接原因

① 固定卸料平台钢索的预埋件拉环安装方式不合理，导致圆钢受力过程产生弯矩和剪切力，因圆钢材质不符合要求，导致断裂。

② 卸料平台上两根槽钢没有按照设计的施工方案要求安装压环。

2）间接原因

① 公司对各项规章制度执行情况监督管理不力，施工作业组织不严密，施工管理混乱，对重点部位的施工技术管理不严。

② 使用不具备相关资质的人员进行施工作业。

③ 工程项目部项目经理，未能认真履行项目经理安全职责，在卸料平台进行安装前，没有组织过安全技术交底。

（3）事故防范措施

1）建立健全安全生产管理制度，明确职责，层层落实安全生产责任制。

2）施工单位必须严格遵守作业规程和施工程序，坚决制止违章指挥和违章作业。

3）加强安全生产教育，严格履行安全技术交底手续。

4）坚决抵制使用无相关资质的人员进行作业，进一步强化员工安全意识，加强作业人员行为安全防护。

5）开展全面彻底的安全生产检查，对存在的问题要立即采取措施整改，确保符合安全规范标准。

附录一 建筑架子工（平台脚手架）安全技术考核大纲（试行）

1 安全技术理论

1.1 安全生产基本知识

1.1.1 了解建筑安全生产法律法规和规章制度

1.1.2 熟悉有关特种作业人员的管理制度

1.1.3 掌握从业人员的权利义务和法律责任

1.1.4 熟悉高处作业安全知识

1.1.5 掌握安全防护用品的使用

1.1.6 熟悉安全标志、安全色的基本知识

1.1.7 了解施工现场消防知识

1.1.8 了解现场急救知识

1.1.9 熟悉施工现场安全用电基本知识

1.2 专业基础知识

1.2.1 了解力学基本知识

1.2.2 掌握建筑识图知识

1.2.3 了解杆件的受力特点

1.3 专业技术理论

1.3.1 了解脚手架专项施工方案的主要内容

1.3.2 熟悉脚手架搭设图样

1.3.3 了解脚手架的种类、形式

1.3.4 熟悉脚手架材料的种类、规格及材质要求

1.3.5 熟悉扣件式、碗扣式钢管脚手架、承插式脚手架、悬挑式脚手架和门式脚手架的构造

1.3.6 掌握扣件式、碗扣式钢管脚手架、承插式脚手架、悬挑式脚手架和门式脚手架的搭设和拆除方法

1.3.7 掌握安全网的挂设方法

附录二 建筑架子工（普通脚手架）操作技能考核标准（试行）

1 现场搭设双排落地扣件式钢管脚手架

1.1 考核场地、设施

1.1.1 具备搭设脚手架条件的场地；

1.1.2 具备搭设脚手架条件的建筑物或构筑物

1.2 考核料具

1.2.1 钢管：规格 $\phi48\times3.5$，长度 6m、4m、3m、2m、1.5m 若干；

1.2.2 扣件：直角扣件、旋转扣件、对接扣件若干；

1.2.3 垫木、底座、脚手板（木脚手板、钢脚手板或者竹脚手板）、挡脚板、密目式安全网、安全平网、系绳、镀锌钢丝若干；

1.2.4 工具：钢卷尺、扳手、扭力扳手、计时器；

1.2.5 个人安全防护用品

1.3 考核方法：每 6 名考生为一组，搭设一长 5 跨、高 3 步的双排落地扣件式钢管脚手架。脚手架步距1.8m，纵距1.8m，横距1.05m；连墙件按二步三跨设置；剪刀撑连续设置。

1.4 考核时间：120 分钟。具体可根据实际考核情况调整。

1.5 考核评分标准：满分 70 分。考核评分标准见附录二-1。第1～10 项为集体考核项目，考核得分即为每个人得分；第11 项为个人考核项目。各项目所扣分数总和不得超过该项应得分值。

考核评分标准 附录二-1

序号	项目	扣分标准	应得分值
1	垫木与底座	未设置垫木的，扣 4 分；设置不正确的，每处扣 1 分；未设置底座的，每处扣 1 分	4
2	立杆	杆件间距尺寸偏差超过规定值的，每处扣 2 分；立杆垂直度偏差超过规定值的，每处扣 2 分；连接不正确的，每处扣 1 分	6
3	扫地杆	未设置扫地杆的，扣 6 分；设置不正确的，每处扣 2 分	6
4	纵向水平杆	杆件间距尺寸偏差超过规定值的，每处扣 1 分	4
5	横向水平杆	杆件间距尺寸偏差超过规定值的，每处扣 1 分	4
6	连墙件	连墙件数量不足的，每缺少一处扣 4 分；设置连墙件位置错误的，每处扣 2 分；设置方法错误的，每处扣 2 分	8
7	剪刀撑	未设置剪刀撑的，扣 8 分；设置不正确的，每处扣 2 分	8
8	扣件拧紧扭力矩	随机抽查 4 个扣件的拧紧扭力矩，不符合扭力矩要求的，每处扣 2 分	4
9	安全网	未挂设密目式安全网的，扣 4 分；安全网设置不符合要求的，每处扣 2 分	10
10	操作层防护	未设置挡脚板的，扣 2 分；设置不正确的每处扣 1 分，未设置防护栏杆的，扣 2 分；设置不正确的，每处扣 2 分。未按规定进行对接或搭接的，每处扣 1 分；出现探头板的，扣 6 分	10
11	个人安全防护	未佩戴安全帽的，扣 4 分；佩戴不正确的，扣 1 分。高处悬空作业时未系安全带的，扣 4 分；系挂不正确的，扣 2 分	6
		合计	70

注：上述考题中脚手架的步距、纵距和横距，可根据当地实际情况，依据现行行业标准《建筑施工扣件式钢管脚手架安全技术规范》JGJ 130 自行确定。

参 考 文 献

[1] 中华人民共和国住房和城乡建设部. GB/T 50001—2017 房屋建筑制图统一标准[S]. 北京：中国建筑工业出版社，2017.

[2] 中华人民共和国住房和城乡建设部. GB 51210—2016 建筑施工脚手架安全技术统一标准[S]. 北京：中国建筑工业出版社，2017.

[3] 中华人民共和国住房和城乡建设部. JGJ 80—2016 建筑施工高处作业安全技术规范[S]. 北京：中国建筑工业出版社，2016.

[4] 中华人民共和国住房和城乡建设部. JGJ 130—2016 建筑施工扣件式钢管脚手架安全技术规范[S]. 北京：中国建筑工业出版社，2011.

[5] 中华人民共和国住房和城乡建设部. JGJ 166—2016 建筑施工碗扣式钢管脚手架安全技术规范[S]. 北京：中国建筑工业出版社，2017.

[6] 中华人民共和国住房和城乡建设部. JGJ/T 128—2019 建筑施工门式钢管脚手架安全技术标准[S]. 北京：中国建筑工业出版社，2019.

[7] 中华人民共和国住房和城乡建设部. JGJ 162—2019 建筑施工模板安全技术规范[S]. 北京：中国建筑工业出版社，2008.

[8] 住房和城乡建设部工程质量安全监管司. 普通脚手架架子工[M]. 北京：中国建筑工业出版社，2010.

[9] 河南省建设安全监督总站. 普通脚手架架子工[M]. 北京：中国建筑工业出版社，2019.

[10] 李继业，蔺菊玲. 建筑架子工[M]. 北京：中国建材工业出版社，2019.